U0208642

文章精选自《读者》杂志

相对论有什么用

读者杂志社 ——— 编

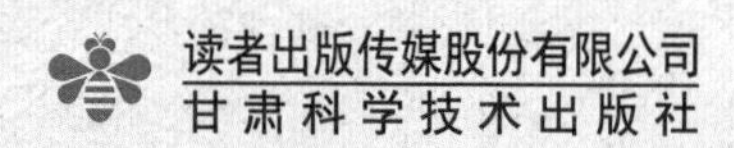

图书在版编目（C I P）数据

相对论有什么用 / 读者杂志社编. -- 兰州 : 甘肃科学技术出版社，2021.6（2024.1重印）
ISBN 978-7-5424-2841-7

Ⅰ. ①相… Ⅱ. ①读… Ⅲ. ①相对论一普及读物 Ⅳ. ① O412.1-49

中国版本图书馆 CIP 数据核字(2021)第100066号

相对论有什么用

读者杂志社 编

项目策划 宁 恢
项目统筹 赵 鹏 侯润章 宋学娟 杨丽丽
项目执行 杨丽丽 史文娟
策划编辑 韩维善 马逸尘 李秀娟

项目团队 星图说
责任编辑 杨丽丽
封面设计 吕宜昌
封面绘图 于沁玉

出 版 甘肃科学技术出版社
社 址 兰州市城关区曹家巷 1 号 730030
电 话 0931-2131570（编辑部） 0931-8773237（发行部）

发 行 甘肃科学技术出版社　印 刷 唐山楠萍印务有限公司
开 本 787 毫米 ×1092 毫米 1/16　印 张 13 插 页 2 字 数 200 千
版 次 2021 年 7 月第 1 版
印 次 2024 年 1 月第 2 次印刷
书 号 ISBN 978-7-5424-2841-7　定 价：48.00 元

摘尽枇杷一树金

——写在“《读者》人文科普文库·悦读科学系列”出版之时

甘肃科学技术出版社新编了一套“《读者》人文科普文库·悦读科学系列”，约我写一个序。说是有三个理由：其一，丛书所选文章皆出自历年《读者》杂志，而我是这份杂志的创刊人之一，也是杂志最早的编辑之一；其二，我曾在1978—1980年在甘肃科学技术出版社当过科普编辑；其三，我是学理科的，1968年毕业于兰州大学地质地理系自然地理专业。斟酌再三，勉强答应。何以勉强？理由也有三，其一，我已年近八秩，脑力大衰；其二，离开职场多年，不谙世事多多；其三，有年月没能认真地读过一本专业书籍了。但这个提议却让我打开回忆的闸门，许多陈年往事浮上心头。

记得我读的第一本课外书是法国人儒勒·凡尔纳的《海底两万里》，那是我在甘肃武威和平街小学上学时，在一个城里人亲戚家里借的。后来又读了《八十天环游地球》，一直想着一个问题，假如一座房子恰巧建在国际日期变更线上，那是一天当两天过，还是两天当一天过？再后来，上中学、大学，陆续读了英国人威尔斯的《隐身人》《时间机器》。最爱读俄罗斯裔美国人艾萨克·阿西莫夫的作品，这些引人入胜的故事，让我长时间着迷。还有阿西莫夫在科幻小说中提出的“机器人三定律”，至今依然运用在机器人科技上，真让人钦佩不已。大学我学的是地理，老师讲到喜马拉雅山脉的形成，是印澳板块和亚欧板块冲击而成的隆起。板块学说缘于一个故事：1910年，年轻的德国气象学家魏格纳因牙疼到牙医那里看牙，在候诊时，偶然盯着墙上的世界地图看，突然发现地图上大西洋两岸的巴西东端的直角突出部与非洲西海岸凹入大陆的几内亚湾非常吻合。他顾不上牙痛，飞奔回家，用硬纸板复制大陆形状，试着拼合，发现非洲、印度、澳大利亚等大陆也可以在轮廓线上拼合。以后几年他又根据气象学、古生物学、地质学、古地极迁移等大量证据，于1912年提出了著名的大陆漂移说。这个学说的大致表达是中生代地球表面存在一个连在一起的泛大陆，经过2亿多年的漂移，形成了现在的陆地和海洋格局。魏格纳于1930年去世，又过了30年，板块构造学兴起，人们才最终承认了魏格纳的学说是正确的。

我上学的时代，苏联的科学学术思想有相当的影响。在大学的图书馆里，可以读到一本俄文版科普杂志《Знание-сила》，译成中文是《知识就是力量》。当时中国也有一本科普杂志《知识就是力量》。20世纪五六十年代，中国科学教育界的一个重要的口号正是“知识就是力量”。你可以在各种场合看到这幅标语张贴在墙壁上。

那时候，国家提出实现“四个现代化”的口号，为了共和国的强大，在十分困难的条件下，进行了“两弹一星”工程。1969年，大学刚毕业的我在甘肃瓜州一个农场劳动锻炼，深秋的一个下午，大家坐在戈壁滩上例行学习，突然感到大地在震动，西南方向地底下传来轰隆隆的声音，沉闷地轰响了几十秒钟，大家猜测是地震，但那种长时间的震感在以往从来没有体验过。过了几天，报纸上公布了，中国于1969年9月23日在西部成功进行了第一次地下核试验。后来慢慢知道，那次核试验的地点距离我们农场少说也有1000多千米。可见威力之大。“两弹一星”工程极大地提高了中国在世界上的地位，成为国家民族的骄傲。科技在国家现代化强国中的地位可见一斑。

到了20世纪80年代，随着改革开放时期来到，人们迎来“科学的春天”，另一句口号被响亮地提出来，那就是“科学技术是第一生产力”，是1988年邓小平同志提出来的。1994年夏天，甘肃科学技术出版社《飞碟探索》杂志接待一位海外同胞，那位美籍华人说他有一封电子邮件要到邮局去读一下。我们从来没有听说过什么电子的邮件，一同去邮局见识见识。只见他在邮局的电脑前捣鼓捣鼓，就在屏幕上打开了他自己的信箱，直接在屏幕上阅读了自己的信件，觉得十分神奇。那一年中国的互联网从教育与科学计算机网的少量接入，转而由中国政府批准加入国际互联网。这是一个值得记住的年份，从此，中国进入了互联网时代，与国际接轨变成了实际行动。1995年开始中国老百姓可以使用网络。个人计算机开始流行，花几千块钱攒一个计算机成为一种时髦。通过计算机打游戏、网聊、在歌厅点歌已是平常。1996年，《读者》杂志引入了电子排版系统，告别了印刷的铅与火时代。2010年，从《读者》杂志社退出多年后，我应约接待外地友人，去青海的路上，看到司机在熟练地使用手机联系一些事，好奇地看了看那部苹果手机，发现居然有那么多功能。其中最让我动心的是阅读文字的便捷，还有收发短信的快速。回家后我买了第一部智能手机。然后做出了一个对我们从事的出版业最悲观的判断：若干年以后，人们恐怕不再看报纸杂志甚至图书了。那时候人们的视线已然逐渐离开纸张这种平面媒体，把眼光集中到手机屏幕上！这个转变非同小可，从此以后报刊杂志这些纸质的平面媒体将从朝阳骤变为夕阳。而这一切，却缘于智能手机。激动之余，写了一篇“注重出版社数字出版和数字传媒建设”的参事意见上报，后来不知下文。后来才知道世界上第一部智能手机是1994年发明的，十几年后才在中国普及。2012年3月的一件大事是中国腾讯的微信用户突破1亿，从此以后的10年，人们已经是机不离身、眼不离屏，手机成为现代人的一个“器官”。想想，你可以在手机上做多少件事情？那是以往必须跑腿流汗才可以完成的。这便是科学技术的力量。

改革开放40多年来，中国的国力提升可以用翻天覆地来表述。我们每一个人都可以切身感受到这些年科学技术给予自己的实惠和福祉。百年前科学幻想小说里描述的那些梦想，已然一一实现。仰赖于蒸汽机的发明，人类进入工业革命时代；仰赖于电气的发明，人类迈入现代化社会；仰赖于互联网的发明，人类社会成了小小地球村。古代人形容最智慧的人是“秀才不出门，能知天下事”，现在人人皆可以轻松做到“秀才不出门，能做天下事”。在科技史中，哪些是影响人类的最重大的发明创造？中国古代有造纸、印刷术、火药、指南针四大发明。也有人总结了人类历史上十大发明，分别是交流电（特斯拉）、电灯（爱迪生）、计算机（冯·诺伊曼）、蒸汽机（瓦特）、青霉素（弗莱明）、互联网（始于1969年美国阿帕网）、火药（中国古代）、指南针（中国古代）、避孕技术、飞机（莱特兄弟）。这些发明中的绝大部分发生在近现代，也就是19、20世纪。有人将世界文明史中的人类科技发展做了如是评论：如果将5000年时间轴设定为24小时，近现代百年在坐标上仅占几秒钟，但这几秒钟的科技进步的意义远远超过了代表5000年的23时59分50多秒。

科学发明根植于基础科学，基础科学的大厦由几千年来最聪明的学者、科学家一砖一瓦地建成。此刻，忽然想到了意大利文艺复兴三杰之一的拉斐尔（1483—1520）为梵蒂冈绘制的杰作《雅典学院》。在那幅恢宏的画作中，拉斐尔描绘了50多位名人。画面中央，伟大的古典哲学家柏拉图和他的弟子亚里士多德气宇轩昂地步入大厅，左手抱着厚厚的巨著，右手指天划地，探讨着什么。环绕四周，50多个有名有姓的人物中，除了少量的国王、将军、主教这些当权者外，大部分是以苏格拉底、托勒密、阿基米德、毕达哥拉斯等为代表的科学家。

所以，仰望星空，对真理的探求是人类历史上最伟大的事业。有一个故事说，1933年纳粹希特勒上台，他做的第一件事是疯狂迫害犹太人。于是身处德国的犹太裔科学家纷纷外逃跑到国外，其中爱因斯坦隐居在美国普林斯顿。当地有一所著名的研究机构——普林斯顿高等研究院。一天，院长弗莱克斯纳亲自登门拜访爱因斯坦，盛邀爱因斯坦加入研究院。爱因斯坦说我有两个条件：一是带助手；二是年薪3000美元。院长说，第一条同意，第二条不同意。爱因斯坦说，那就少点儿也可以。院长说，我说的“不同意”是您要的太少了。我们给您开的年薪是16000美元。如果给您3000美元，那么全世界都会认为我们在虐待爱因斯坦！院长说了，那里研究人员的日常工作就是每天喝着咖啡，聊聊天。因为普林斯顿高等研究院的院训是“真理和美”。在弗莱克斯纳的理念中，有些看似无用之学，实际上对人类思想和人类精神的意义远远超出人们的想象。他举例说，如果没有100年前爱因斯坦的同乡高斯发明的看似无用的非欧几何，就不会有今天的相对论；没有1865年麦克斯韦电磁学的理论，就不会有马可尼因发明了无线电而获得1909年诺贝尔物理学奖；同理，如果没有冯·诺伊曼在普林斯顿高等研究院里一边喝咖啡，一边与工程师聊天，着手设计出了电子数字计算机，将图灵的数学逻辑计算机概念实用化，就不会有人人拥有手机，须臾不离芯片的今天。

对科学家的尊重是考验社会文明的试金石。现在的青少年可能不知道，近在半个世纪前，我们所在的大地上曾经发生过反对科学的事情。那时候，学者专家被冠以“反动思想权威”予以打倒，“知识无用论”甚嚣尘上。好在改革开放以来快速而坚定地得到了拨乱反正。高考恢复，人们走出国门寻求先进的知识和技术。以至于在短短40多年，国门开放，经济腾飞，中国真正地立于世界之林，成为大国、强国。

虽说如此，人类依然对这个世界充满无知，发生在2019年的新冠疫情，就是一个证明。人类有坚船利炮、火星探险，却被一个肉眼都不能分辨的病毒搞得乱了阵脚。这次对新冠病毒的抗击，最终还得仰仗疫苗。而疫苗的研制生产无不依赖于科研和国力。诸如此类，足以证明人类对未知世界的探索才刚刚开始。所以，对知识的渴求，对科学的求索，是我们永远的实践和永恒的目标。

在新时代，科技创新已是最响亮的号角。既然我们每个人都身历其中，就没有理由不为之而奋斗。这也是甘肃科学技术出版社编辑这套图书的初衷。

写到此处，正值酷夏，读到宋代戴复古的一首小诗《初夏游张园》：

乳鸭池塘水浅深，

熟梅天气半晴阴。

东园载酒西园醉，

摘尽枇杷一树金。

我被最后一句深深吸引。虽说摘尽了一树枇杷，那明亮的金色是在证明，所有的辉煌不都源自那棵大树吗？科学正是如此。

胡亚权

2021年7月末写于听雨轩

目　录

“慢”的相对论

白　灵

有一位小朋友在课堂上，只因老师说“今天想画什么就画什么”，那双小手从此就停不下来，不停地用蜡笔在一张张白色 B4 大的画纸上涂上满满的黑色，白天画到晚上，晚上画到白天。教室里、家里，甚至后来送他到医院，他都像机器人般不断重复做着相同的动作，一张张地涂，涂了几百张。老师、家长担心、焦急，医生和护士们穿梭来回问诊，最想问他的一句话是：“你在画什么？”始终没得到回答。这是一位自闭的小孩，他活在自身深沉的孤独里，所有人看他的眼光都像盯着一位傻小子，不知如何进入他的世界。

直到有一天，老师在小朋友教室的抽屉里看到一堆拼图，同时间护士阿姨在病房里从他那一地涂满黑色的画纸堆中，偶然找到两张可能的拼图，才推开了一条门缝，得以进入这小朋友不可思议的想象中。一大群人在医院的室内篮球场上，把这些“黑画”拼起来，几乎铺满半个球场，才拼出一张图，所有的人站在球场的看台上向下望，才看出那是一只硕大无比的黑鲸。但拼出的大黑鲸的中央还少了一张拼图，此时正握在桌前小朋友的双手中。他刚涂完一张全黑的画纸，一面照出他正望着手中可以填满黑鲸的那一块，宛如小朋友注视的不是一张画，而是大黑鲸活生生的一小部分生命。大人们在看台上惊呆了，屏住呼吸，说不出话来。

荧光屏上最后打出两行字："你如何能鼓舞孩子？用你的想像力！"这可能有双重意义："请用你的想像力"，或者，"你无法只用你的想象"。更深的意义可能是，如果大人太快就下了判断，而未曾抽丝剥茧，找到可能的路试图靠近，则那孩子的表现将成为永远的一团“谜”，轻易地遭到放弃；或者说，如果大人没有以“相对的”、超级耐心的“慢”去“想象”，就永远无法理解孩子“慢”的过程和目的，也更见识不到儿童隐含的创意和神秘。

这是日本公共广告机构拍的支援儿童的公益短片，相当深入地拍到了人内在的孤独感和神奇的、玄之又玄的特性，即使对象只是一个患自闭症的小孩。这孩子以他漫长的“慢”告诉大人（或者说自顾自描述了自己的天空）他胸中有一只大鲸，就像小王子的帽子里装了一只大象。这是任何的“快”都做不到的，也无法用语言或其他形式，只有透过一连串动态的过程才陈述得出来。

这孩子其实是一位小天使，大自然赐给人类的一位沉默的小天使。他用他的画笔画出了人人心中的孤独和原始的力量。外在事物进入他的内在世界，由于封存起来而得以膨胀到极大，这孩子的那种孤独和隐蔽的力量，像一只只能以黑影在地上飞行的鲸。如果人们不曾以“相对的慢”、“相对

王　青 | 图

的耐心”来对待，就不知如何去触碰这种内在世界和神奇的心理时空。

外在世界所有已发生的或将发生的一切常常就因为快，便迅速地缩影成我们脑中微小的一点。没有什么不是如此，不曾经过“慢的折腾”就像涟漪小到微不足道，看什么都像大太阳下看流星似的，转瞬一切皆无影无踪，快到不足以引起一丝感动，甚至不曾留意它是否存在过。

大人就没这么幸运，无人会留心他们的孤独和可能性，于是上帝便试着化身为孩童，去折磨周遭的大人，让大人懂得慢下来，重新调整自己的脚步和视域。这孩子成了大人们沉默的小导师，“引诱”大人去思索去探索人的复杂性和不可思议性。那孩子像躲在洞穴中的原始人，以他最纯真最本能的形式，自洞口的缝隙辐射出巨大的能量和神迹，让我们对“人”——这根本不可能窥得究竟的宇宙质能的缩影物——有了重新审视的机会。而大人们因为通过“慢”这个动作，才有机缘一探人的潜在和可能，否则面对的将永远如黑洞。

大自然的一花一草一石一木一沙一土一尘，如果以慢对待，其力量应也一如这孩子吧？它们皆沉默，成为让科学家和哲学家们穷尽一生也研究不彻底的“物质”，只能试图接近，却永远无法穿透，这是现象学家所以将它们“悬搁”的原因。唯有通过慢的观察和思索，强化一事一物一人的注视和诠释，方有可能贴近那复杂和不可思议性。比如人与低等生物基因超过一半的相似，与哺乳动物高达90%以上的相似性。而降低自身的傲慢和偏见，也才有机会提升对“微小差异”的尊重。

“吟成一个字，捻断数根须”，今天写作的人已经不一定有须可捻了，然而徘徊于一段情节、一句对话、一团意象或一个象征上，心无旁骛，其心中碰撞起伏的偶然性和等待遇合的玄妙性，古今中外并无不同。这其中，运作心力、操动事物、考量词汇等等，其内在的相似性，都是靠内心的力量“慢出来的”。而如果外在生活也跟着慢下来的话呢？会不会对内在时空的运作方式也有更大的推动力呢？像一个齿轮带动另一个齿轮，也产生相对慢却可能更大的扭力？像调到慢速低档的引擎才适合爬上陡坡似的？

至于如何才会有与那画大黑鲸的小天使相近的原始力量，则恐怕永远是个无解的谜。

“长征五号”发射前的163分钟

胡旭东

我来自中国文昌航天发射场。我是2016年“长征五号”运载火箭首次发射的01指挥员，火箭发射前倒数“3、2、1，点火！”的那个人就是我。我们发射场有21个系统，分布在火箭测试、加注、发射的过程中，协调这21个系统有条不紊地运转，就是我的工作。

2016年11月3日10点，“长征五号”运载火箭已经完成液氧的加注工作，但是我们得到一个不好的消息：助推器的排气管出现泄漏。当时我马上想到了2016年9月美国太空探索技术公司的“猎鹰9号”火箭，当时它也完成了液氧加注，并在做相关测试的时候发生爆炸。我很紧张，我们面临的情况比较类似，很可能发生相同的危险事故。

我们安排了岗务人员去检查，他们冒着非常大的风险进入火箭，查看火箭到底出了什么问题。所幸，现场检查的结果出来之后，我们认定火箭是安全的。我们的发射窗口是当天 18 点，为了处理这个故障，消耗了一点儿时间。

我们把发射窗口往后调整了 1 个小时，瞄准了 19 点 01 分。刚才发生的这件事只能算是一个小小的插曲，真正“精彩”的还在后面，时间来到发射前负 3 小时。

“长征五号”运载火箭被很多人称为“冰箭”。为什么这样说？因为它使用的是液氢、液氧这类低温推进剂，特别是液氧，可以达到零下 200 多摄氏度。如果想让火箭正常点火起飞，就必须提前把火箭发动机的温度降下来。

但不幸的是，在我们给火箭“退烧”的过程中，温度一直降不下来。如果在 19 点 30 分之前没有办法解决这个问题，那发射就只能终止，数千人两个多月的辛勤劳动就会付诸东流。19 点 28 分，我们的岗务人员冒着生命危险，返回加注完毕的火箭周围，调整好火箭的参数之后，火箭终于“退烧”了。

处理这个故障耗费了我们很多时间，发射窗口不得不瞄准 20 点 40 分。平日我们给汽车加油时要用到油枪，火箭也有类似的装置，叫作连接器。在发射前负 3 分钟，连接器脱落口令已经发出去了，但是有一个连接器未反馈脱落完成信号。

时间不等人，怎么办？我们临时决定再试一次，不幸的是，仍旧没有任何反应。这种状态是不能发射的，就像油枪挂在汽车上，车肯定不能开动。当时我看了一眼旁边的同事，他也一脸无奈地看着我。我给了他一个坚定的表情，示意他再试一次。非常幸运，随着一阵冰碴喷射，连接器晃晃悠悠地从火箭上掉下来了！我们离发射成功又近了一步。20

点 40 分是我们发射窗口的最后时刻，刚才处理这件事情又耽误了 1 分钟，那么后面的时间就不够了，最早也要到 20 点 41 分才能发射，怎么办？这时，卫星设计方站出来，他们又给我们提供了 20 分钟的时间，也就是说，当天 21 点之前点火发射都是可以的。这都是为了满足发射窗口的要求，为的是让卫星准确地入轨。好了，至此一切问题都解决了。

时间来到发射前负 1 分钟。在这之前，在判断最后一个重要的参数合格之后，我跟我的老师异口同声地说了一句："这下没问题了。"但是万万没想到，刚进入发射前负 1 分钟，控制系统就来了消息："请求中止发射！"这应该是中国航天史上第一次在程序进入发射前负 1 分钟的时候中止程序。经过十几秒的故障排查与分析，我们的程序正常了。我开始倒数："10、9、8、7……"数到 7 的时候我的嗓音破了，当时感觉空气都凝固了，脑子里一片空白。这一次倒数没有人再打断我，我终于松了一口气。我们再一次向成功前进了一步。

火箭起飞之后，现场的欢呼声、掌声、哭声连成一片。真是太不容易了。"长征五号"运载火箭，从测试到发射，每一步都特别艰难。据统计，像"长征五号"这种大型运载火箭，首飞的成功率只有 51%，但是我们成功了，我们中国文昌航天发射场人做到了。这次首飞之前，我们进行了两次合练，为这次首飞打下了坚实的基础。

在 2015 年进行"长征五号"运载火箭合练的时候，液氢加注完毕后曾发生一件非常危险的事情。当时，火箭氢箱的相关管路出现泄漏。液氢非常危险，一不小心就会被引燃并发生爆炸，一根针从一米高的地方下落产生的能量就足以引燃液氢。当时泄漏的地方浓烟滚滚，氢气夹杂着白雾，从泄漏的地方喷射而出。我们的岗务人员冒着生命危险徒手将凝结在泄漏处的冰碴除去，然后把泄漏的地方封堵住，火箭才转为安全

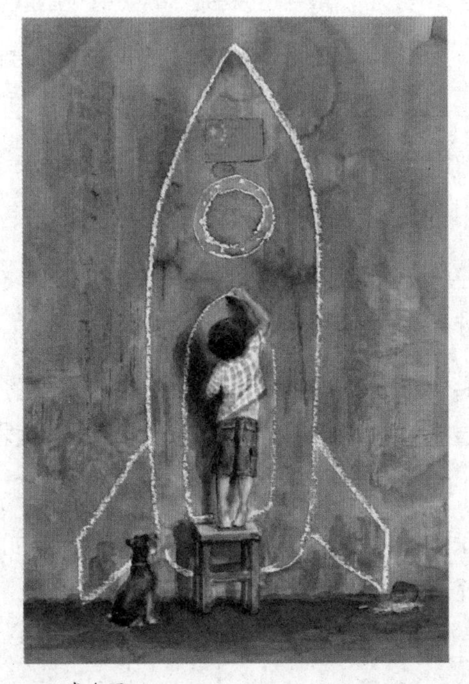

王　青 ┆ 图

状态。可以说，我们中国文昌航天发射场的人用“九死一生”诠释了什么是使命和担当，这些都是“85 后”“90 后”航天人的英雄事迹。

“干惊天动地事，做隐姓埋名人”是我们航天人的真实写照。

阿托秒

AlanBurdick
张　睿　译

时间单位正变得越来越小。其实，它现在已经变得很小了：4 年前，物理学家们想方设法制造出了激光脉冲，虽然它只持续了 5 飞秒（1 飞秒相当于 10^{-15} 秒）。在日常摄影中，照相机的闪光灯能在 1 / 1000 秒内“定格时间”——这个速度快到可以捕捉到棒球击球手迅速挥臂击球的动作，当然一个超速运转的快球除外。同样，飞秒“闪光灯”还能够使科学家们在微观物质世界里观察到一些以前从未见过的现象：振荡的分子、化学反应中原子形成的化学键以及其他超小、超快的事物。

但是超快的事物是不易把握住的。各种重要的事情都可能在一两飞秒之内发生，如果你的闪光灯太慢，你就会漏掉这些转瞬即逝的镜头。

因此科学家们正努力钻研，争分夺秒地研制更细微更精确的“时间窗”，用它来观察物质世界。由一些知名的物理学家们组成的国际攻关小组终于成功地突破了所谓的“飞秒障碍”。他们用一种复杂的高能激光发生器，制造出了能够持续多于 0.5 飞秒——精确地说是 650 阿托秒的光脉冲。长期以来，“阿托秒”一直作为一个理论上的时间量程而存在，而这次每个人都切实地感受到了它。阿托秒是一种新发现的“时间切片”，它很微小但却有巨大的应用潜能。

来自渥太华的 Steacie 分子科学学院的一名物理学家，也是这项研究的主要调查员之一——保罗·考库对此评价道：“它是物质真正的时间量程。我们正学会利用原子和分子本身的特点，来观察由它们组成的微观世界。”

虽然这一科研成果很少有人欣赏，但实际上，我们人类的生理功能却同时存在于——并且取决于——几个不同的时间量程。例如，普通人的心脏每秒跳动一次；闪电的速度是 1 / 100 秒；一台家用电脑能在 1 纳秒（即 10^{-9} 秒）内运行一个简单的软件指令；电路在 1 皮秒（即 10^{-12} 秒）内开关若干次。时间单位正变得越来越小，人们越来越难以赶上它们的步伐。

20 世纪 60 年代，激光的发明为科学家们跟上时间的节拍提供了一个推进力。最常见的激光是通过激发诸如氖气等惰性气体中的原子而产生的（其他种类的激光是以激发固体，如红宝石，甚至是有机染料等物质而产生的）。当原子被激发而“放松”后，它们中的电子又重新依序排列，这些被激发的气体产生出一种具有特定波长的光——可见光、微波、红光或蓝光——这全部要取决于相关的原子。一束激光可以迫使光波在介质中以同样的频率旅行，而且把它发出的光和热集中到一束强光内。

制造激光脉冲比较棘手。首先，物理学家们使用极小的镜子，以让光束在激光束内来回穿过自身。光波在那里相互干涉，波峰与波谷被调谐得趋于一致。然后，他们用那些精致的超快的光栅除去杂波，只留下单一波长的光束通过。瞧，光脉冲就这样被制造出来了。

20 世纪 80 年代末期，激光脉冲已经达到 6 飞秒的短暂记录。如今，科学家们在观察某个化学反应时，已不必再拿这个反应发生前和发生后的照片进行参照了——现在他们可以应用新的“激光脉冲摄影”技术，以观看慢动作电影的方式来观察这些化学反应的中间过程了。从那时起，科学家们渐渐把研究重心集中到光合作用和其他分子反应的结构上，一门新的科学——“飞化学”就这样应运而生了。1999 年，加州理工学院的阿姆德 · 泽瓦尔，通过一系列巧妙的实验揭示了化学键是如何断裂又是如何在 100~200 飞秒的时间内重新排列的，他也因此获得了那一年度的诺贝尔化学奖。

飞秒脉冲已不仅仅被看做是一架照相机的快门或闪光灯，它已经发展成一种强大的实用工具。它还是个钻洞高手，能钻出极小的孔洞：它的能量积聚得很快，让其周围的物质根本就没有时间来被加热，因此发生混乱或无效的情况较少。而且，飞秒脉冲只有约 1 / 1000 毫米长（与它相比，一秒钟光脉冲的长度相当于从地球到月亮的距离）。让我们把飞秒脉冲想象成是极小的炸弹。它们能聚焦并穿过透明材料的表面来点燃物质，而不用真正烧穿这些透明的介质。我们还可以用飞秒脉冲来记录玻璃中的光学波导，这是一项进步，它能引起数据存储和无线通讯的革命。研究者们利用飞秒脉冲研究出一种新方法，可以直接在眼角膜上进行激光眼外科手术，而不会损坏角膜上面的组织。

对此，保罗 · 考库评价说：“（这种新方法）就如同你把手放进微小的生物组织中来做手术一样方便，而且这种手术耗费的能量很少。”

简而言之，对于操纵整个原子和分子来讲，飞秒可以说是游刃有余。但对那些比原子核小得多、轻得多、速度也快得多的电子感兴趣的物理学家们来说，这种时间量程还是太慢了。于是，我们就进入到了“阿托秒”的研究领域。理论家们一直怀疑，飞秒大小的可见光脉冲事实上是由几个阿托秒长的光脉冲组成的，就像一个音符包含着许多谐音。但问题是我们如何来测量它们——它们所发出的电磁和声波非常微弱，另外它们发出的紫外线和 X 射线的波长太短以至于我们难以察觉。

利用一个经过修正的干涉计（一种用于激光的特殊滤光器），克罗兹和他的同事开始搜寻阿托秒。他们首先向一股氖原子流中发射了超短波长（7 飞秒）的红色激光脉冲，来剥离掉氖原子核外的电子。然后，这些被剥离的电子就被激光脉冲携带，并几乎立即被重新射入到氖原子核内。这种效果有些类似于用箭射一只铃铛。用电子轰击氖原子核的结果，正如预期的那样，产生了 X 光和远紫外线的高频谐波。接着，物理学家们过滤了这些谐波光，只允许他们精选的 X 光脉冲———包括一个只有 650 阿托秒长的 X 光脉冲——通过。

在物理学家捕捉到阿托秒脉冲的同时，他们也论证了其效用。他们把阿托秒脉冲和波长较长的红光脉冲同时瞄准一种氪原子气体。阿托秒脉冲激活了氪原子，踢开了电子；而红光脉冲则撞上了电子，只是试探了一下它们的能量。从这两个脉冲时间上的差别判断，科学家们获得了一个非常精确的测量数据，知道了电子要花多久（多少阿托秒）才会衰退。此前科学家们还从来没有利用这样短的一种时间量程来从事电子动力学的研究。

这个实验在物理学界引起了很大的反响。美国 Brookhaven 国家实验室的一位物理学家路易斯·迪罗对此赞赏道："阿托秒为我们重新认识电子带来一种新方法。它正成为一种新的物质探测器，不久就会在科学界得到广泛应用。'阿托物理学'的纪元来到了。"

现在，物理学家们希望能够做到的不仅仅是了解电子得失能量的情况。克罗兹说："我们不仅要用阿托秒脉冲来追踪这些微观粒子运动的过程，还要用它来控制原子被激发后的缓释作用。这真令人兴奋不已。"举例来说，通过控制原子，在阿托秒这种时间量程上释放出 X 射线，来建立一个有效的 X 射线激光器，这是物理学家长久以来的梦想。从事半导体事业的人们渴望加速计算机芯片、晶体管和其他电子装置的变革进程，他们自然也乐于感受一下阿托秒的魅力了。

当然，也许就在不远的将来，甚至连快速的阿托秒都不能遂人心意。那时，电子在我们看来简直就是些慢吞吞的家伙。克罗兹说："当你进入更微观的物质结构中，比如在原子核中，你就会发现一些粒子的运动速度会更快。那时我们在核子物理学中所选用的将是几种更微小更精确的时间量程，届时我们将进入 zepto（即 10^{-21} 秒）秒的王国。"

在此期间，物理学家们将不得不设法利用他们已经得到的这小段自由的时间。你可以想象出他们是如何被这些更小的时间量程拖着疲于奔命的：在他们电脑的驱动器里装上"家用电子光盘"，用看上去"正对秒打哈欠的"阿托秒遥控器来搜索电视频道……然而，考库确信这种情况并不会发生："在实际生活中，我们只能按照某一合理的时间量程来看待事物。"无论在时间的微观世界还是在其宏观世界里，观察者们的厌烦情绪仍然是我们设定时间的障碍。"最近，我姐夫给他们的宝贝录了一段像，"考库笑着说，"那片子的开头儿很有趣，但是在 15 分钟后——噢，那就是很长的时间了。"

从 A 到 Z：符号爱因斯坦

鲁 伊

Atomic bomb 原子弹

尽管爱因斯坦经常被称为“原子弹之父”，但实际上，原子弹同质能方程 $E=mc^2$ 之间的关系，最多也就能和司马迁作《史记》与仓颉造字类比一下。值得记住的是爱因斯坦对待原子弹的态度。1939 年 8 月 2 日，他最先致信罗斯福，建议美国赶在德国之前研制出原子弹。而在广岛和长崎原子弹爆炸后，爱因斯坦又为反对原子战争而奔走呼号。

Black holes 黑洞

爱因斯坦的广义相对论指出，引力场可以造成空间弯曲。理论物理学家因此推导出，引力场的极致会使时空变得无限弯曲，从而使光都不能逃逸，这就是 1967 年由美国物理学家惠勒命名的黑洞。爱因斯坦本人并不相信黑洞的存在，但以霍金为首的物理学家却用越来越多的证据表明，那个吞噬一切的黑洞，并不是传说。

China 中国

1922 年，在罗素的促成下，爱因斯坦应邀去日本讲学，两次途经上海。正是在上海，他被告知了获得诺贝尔奖的消息。当时，蔡元培曾有意延请爱因斯坦到北大讲学两周，酬金 1000 美元，但因种种原因，终未成行。中国之行给爱因斯坦留下的印象是“中国人肮脏、备受挫折、迟钝、善良、坚强、稳重——然而健全”。

Differential Geometry 微分几何

微分几何是爱因斯坦广义相对论不可或缺的数学工具。在微分几何的世界里，平行线可能相交，直角可以弯曲。陈省身曾做过一个比喻：欧几里得几何就像原始社会中的人没穿衣服，到了笛卡儿，才有了赤裸的概念，人开始穿衣服，而到了微分几何的阶段，就好比现代人，不止有一件衣服，还要常常换。衣服，便是表现空间的坐标。

$E=mc^2$ 质能方程式

即使是对物理学一无所知的人，对 $E=mc^2$ 也不会感到陌生。在 1905

年发表的狭义相对论论文中，爱因斯坦第一次给出了这个简洁与完美并具的著名公式。E 代表物体静止时所含的能量，m 代表它的质量，c 代表光速。质能方程的意义在于，它意味着每一单位的质量都有一巨大数量的能量，只不过藏而不露。而当质量为 m 的原子分裂为 m′ 和 m″ 时，释放出的能量将至为巨大。原子弹的理论依据，便源出于此。

Freedom 自由

传记作家派斯曾说过，“爱因斯坦是我认识的最自由的人”。这种自由首先体现在学术上。爱因斯坦是“经常提出正确问题的天才”，从不因权威而改变自己的选择。他最重要的论文都是自己写的，而且经常跨越不同的领域。此外，爱因斯坦一生中都在为和平、自由和民主鼓与呼，他提出的“2%定律”——只要有 2%的人拒绝打仗，就不会有战争——是世上最有名的反战口号之一。

God 上帝

“连爱因斯坦这样的大科学家也相信上帝”，经常能够看到宗教人士给出这样的论据。不过，爱因斯坦曾严肃地表示过，“我信仰斯宾诺莎的那个在存在事物的有秩序的和谐中显示出来的上帝，而不信仰那个同人类的命运和行为有牵累的上帝。”他将自己的宗教命名为“宇宙教”。

Hollywood 好莱坞

从 1931 年到 1933 年，爱因斯坦与他的第二位妻子艾尔莎在美国的加利福尼亚州度过了“天堂一样”的三个冬天。在此期间，他与好莱坞巨星卓别林相交甚欢，并出席了《城市之光》的首映式。好莱坞电影特效的神奇曾让爱因斯坦赞叹不已，而作为科学名人的他也不乏自己的明星崇拜者，玛丽·碧克馥就是其中之一。

Institute for Advanced Study in Princeton 普林斯顿高等研究院

从 1933 年开始，爱因斯坦在有“宇宙的数学中心”之称的普林斯顿高等研究院度过了生命中的最后 22 年。他写信给比利时王后，描述在这里的生活：“一个古朴而重礼节的村庄，到处是高傲而软弱的被崇拜的人物”，“我把自己锁在毫无希望的科学问题中。我老了……”这期间，他关注的中心是统一场论和量子理论的原理问题。1955 年 4 月 18 日，爱因斯坦死于主动脉瘤破裂。

Jew 犹太人

1879 年 3 月 14 日，爱因斯坦出生于德国乌尔姆的一个犹太家庭中。他还有一个妹妹玛丽亚（Maria）。两人的名字都没有遵循传统的犹太教命名规则，事实上，他的父亲深为骄傲的一点，便是家里没有犹太人的生活习惯。然而，几十年后，爱因斯坦却成了全世界最著名的犹太人代表。

Kitten 小猫

刚到普林斯顿时，爱因斯坦养过一只名叫“老虎”的小猫。或许是这只猫，引发了他对无线通讯的有趣解释：“一般电报就像一只很长的猫，你在纽约这头拉它的尾巴，洛杉矶那头就会喵喵叫。无线电报也是一样，只不过没有那只猫。”而在那场关于 EPR 的争论中，与爱因斯坦同一立场的薛定谔更是创造出了科学史上最著名的一只猫：半死不活的薛定谔猫。

Letter 信

爱因斯坦或许是收到公众来信最多的科学家，他将这些稀奇古怪的信称为“die komische Mappe”。一封纽约来信中问，“设想一个人倒立时才会恋爱或干别的傻事，这是不是合理的？”爱因斯坦的答复是：“恋爱绝不是人所做的最傻的事情，然而万有引力不能对此负责。”

Mileva 米列娃

晚年的爱因斯坦曾给友人去信，调侃自己的生活：“经历了两位妻子和阿道夫·希特勒。”米列娃·玛丽奇是爱因斯坦的第一位妻子。1919 年 2 月 14 日，两人协议离婚，条款中包括，如果爱因斯坦获得诺贝尔奖，必须把奖金转给米列娃。

Nobel Prize 诺贝尔奖

除了 1911 年和 1915 年之外，从 1910 年到 1922 年间，爱因斯坦每年都会获得诺贝尔物理学奖的提名。然而，直到 1922 年，诺贝尔奖委员会才采纳了普朗克的建议，将 1921 年的物理学奖追授给爱因斯坦，而且，获奖原因并不是大名鼎鼎的相对论，而是“光电效应定律的发现”。

Oppenheimer case 奥本海默事件

在麦卡锡主义盛行的上世纪 50 年代，曼哈顿计划的领导人奥本海默被怀疑成苏联间谍，而接受美国联邦调查局的调查，氢弹之父特勒还为此作证。这时候，爱因斯坦的境遇也很糟糕，甚至被麦卡锡称为“美国的敌人”。但在这种不利的情势下，爱因斯坦依然通过美联社发表了他对奥本海默的声援："我对奥本海默博士抱有最大的敬意和最亲切的感情。"

President 总统

1952 年 11 月 9 日，当以色列总统魏茨曼去世后，以色列总理本·古里安做出了一个颇有些惊世骇俗的决定：邀请爱因斯坦担任以色列总统。从《纽约时报》上获知此事后，爱因斯坦很有些难办，但最终还是谢绝了。不过，在结果未知时，据说本·古里安曾同他的私人秘书说道："如果他接受了，我们怎么办？"

Quantum theory 量子理论

"上帝不会掷骰子"，这也许是爱因斯坦关于量子力学的最著名的一句话。他在 1905 年提出的光量子理论被视为开创早期量子论的重要文章，然而，他与以玻尔为首的哥本哈根学派在量子力学不确定原理和互补原理上的争论，却把他推向了量子力学的对立面上。

Relativity 相对论

在爱因斯坦以前，牛顿的经典力学认为，时间和空间都是绝对的。1905 年，爱因斯坦提出，物体匀速运动时，质量会随着速度增加而增加，空间和时间也会发生相应的变化，发生尺缩效应和钟慢效应，这就是狭义相对论。从 1907 年到 1915 年，他又用 8 年的时间将其从匀速直线运动扩展到非惯性系中，创立了广义相对论。"相对论"一词由普朗克命名，这之前，爱因斯坦为它起的名字是"不变论"。

Solar eclipse 日食

1905 年的奇迹年并没能让爱因斯坦一鸣惊人，之后的系列研究也只为他赢得了学术圈内的声誉。直到 1919 年 11 月，英国科学家爱丁顿组织的日食远征队证实了爱因斯坦广义相对论的准确性，爱因斯坦才成为世界性的人物。空间“弯曲了”一时成为所有人谈话的中心，而爱因斯坦也从此完成了符号化与神化的蜕变。

Time and Space 时间和空间

一只罗盘成为幼年爱因斯坦对时空概念的最早启蒙。而他的天才之处，在于能够从人们认为理所当然的事情中发现问题。自牛顿而降，人们都对时间和空间的绝对性信之不疑。爱因斯坦却指出，如果以观测者为参照物，那么空间和时间都是相对的，都会在各自的经验中产生不同的结果。

USA 美国

1933 年 10 月 17 日，爱因斯坦持旅行签证来到美国。1935 年 5 月，他前往百慕大，在那里提出定居美国的申请，1940 年，正式获得美国国籍。爱因斯坦的国籍一生中曾多次变化，1896 年，他花 3 个马克拿到了证明自己不再是德国公民的文件，在过了 5 年没有国籍的日子后，才在 1901 年成为瑞士公民。他的瑞士国籍一直保留至死。

Violin 小提琴

爱因斯坦从 9 岁起开始学习小提琴，尽管他小时候不太喜欢这个出自母亲的安排。成年后，音乐却成了他最忠实的伴侣。他喜欢莫扎特、巴赫、舒伯特、亨德尔和维瓦尔第，几乎没有一天不拉小提琴。他曾经多次说过，如果在科学上不成功，他或许会成为一名音乐家。爱因斯坦经常演奏的小提琴，名为莉娜。

Wave 波

光是一种波还是一束粒子？从牛顿和惠更斯的时代起，物理学界关于“微粒说”与“波动说”的激烈争论就没能停息过。1905 年，为了解决麦克斯韦电磁学理论与经典力学之间的矛盾，爱因斯坦提出了光量子理论，揭示了光的波粒二象性。德布罗意从中得到启发，建立了物质波的概念，从而解决了长达 300 年的波粒之争。

X-ray X 射线

因科学成就而成为媒体和传记作家所疯狂追逐的对象，爱因斯坦并非第一人。

1895 年底，威廉·康拉德·伦琴宣布了 X 射线的发现，仅在 1896 年，就有关于这一工作的 50 多本书、小册子和 1000 多篇报道问世。然而，对 X 射线的狂热并不像对爱因斯坦那么持久。旨在发现宇宙 X 射线源的第一架 X 射线天文望远镜被命名为“爱因斯坦”。然后，才轮到伦琴。

Year of Miracle 奇迹年

1905 年，爱因斯坦接连发表了 5 篇开创性的论文，使这一年成为牛顿经典物理学与现代物理学的分水岭，因此，它被称为“奇迹年”。

众所公认，1905 年至 1920 年左右是爱因斯坦最富有创造力的几年，他的论文有一种“简洁而又慑人心魄的美感”。在这之后，爱因斯坦更多地变成了一个公众人物，而他的研究，则被奥本海默这样的后起之秀评价为“不可救药地落后于时代”。

Zurich 苏黎世

1896 年，爱因斯坦来到苏黎世。在这里，他度过了 4 年的大学时光，并结识了后来的妻子米列娃和朋友数学家格罗斯曼。正是在格罗斯曼的帮助下，毕业即失业的爱因斯坦才得到了瑞士专利局的职位。1912 年到 1914 年间，格罗斯曼还为爱因斯坦的广义相对论提供了重要的数学支持。在苏黎世，爱因斯坦取得了瑞士国籍。

打水漂背后的物理学

王一凡

侧身弯腰，用力甩你的手腕，手中的石子沿水面飘荡出去……有谁小时候没玩过打水漂呢？打水漂是人类最古老的游戏之一，这种游戏规则相当简单：看谁的石子在水面跳跃的次数多。科尔曼·麦吉，美国得克萨斯州人，一直保持着在1992年创造的当今这项游戏的吉尼斯世界纪录。当时麦吉抛出的石子在布兰科河上一直跳跃了38下。想要尝试击败麦吉吗？看了这篇文章，你就有机会学会最棒的打水漂的方法，因为法国科学家的研究揭开了打水漂的奥秘。而这个奥秘的揭开却是由一对父子的对话引起的。

父子对话引发的物理学发现

直觉似乎告诉人们，使用扁平略圆的石块抛向水面，越用力就越能让石子在水面有更多弹跳；而且石块在抛掷时必须旋转，同时石块要尽可能以较小掠射水面的角度沿水面飞行。这里面有没有精确的物理学原理呢?

第一次对打水漂背后的物理原理感兴趣来源于科学家与他8岁儿子的对话。一天法国里昂大学利德里克·博凯博士和8岁的儿子出去散步，在一条河边两个人玩起了打水漂，儿子问他，怎样打水漂可以打得更远呢?像千千万万回答儿子问题的父亲一样，博凯博士将自己在小时候就精通的打水漂游戏亲自示范给儿子。看着石块在水面上留下的涟漪，物理学家冒出了一个离奇的想法：为什么不用物理学的知识把打水漂的过程搞清楚呢?于是这位物理学家开始了艰苦的研究。后来这位科学家的

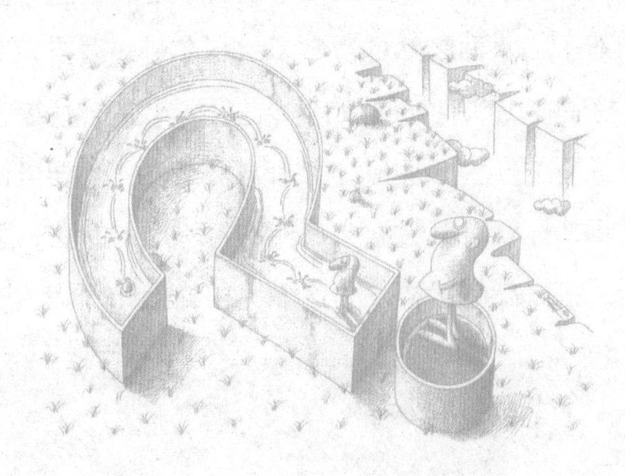

刘 宏 | 图

业余爱好变成了一组研究打水漂的方程式,发表在2002年的《美国物理学》季刊上。根据他的研究，要想达到麦吉所创造的打水漂吉尼斯纪录的顶峰——38下，要求一块石头以25英里/小时（约每小时40千米）、每秒14转的方式抛出。而真正的秘诀在于你扔的石头应当以20度的“黄金角度”撞击水面。

博凯的研究还表明，石块弹跳，只有在抛掷的初速超过某个临界值时才会发生，旋转的石块能使飞行稳定，并且提高弹跳概率；而且，弹跳次数多寡取决于入射水面石块的速度，当然，这也取决于石块抛掷的初速。但实际上，弹跳次数受角度不稳定因素限制，角度不稳定因素与运动速度无关，因而弹跳次数取决于对继续飞行至关重要的第一次弹跳。

发明自动投掷机

这篇论文得到了马赛大学失去平衡现象研究所格兰尼特的注意，他和他的学生从这篇论文中汲取了灵感制造了一台自动投掷机，利用自动投掷机将直径5厘米、厚度2.75毫米的铝制圆片投入2米长的水池，用以模拟打水漂的过程，并用高速相机将整个实验记录下来——圆片接触水面的时间通常不到百分之一秒。实验印证了博凯的发现是正确的。实验证明:石头是否旋转、速度、石头的触水角度都会影响石头的弹跳次数,其中旋转的程度是打水漂关键因素之一，研究者发现旋转可以稳定石块在空中的飞行姿态，使其更容易反弹。而角度则是关键中的关键，当石块沿着与水面呈20度夹角飞行的时候，石块总是能够跳跃很远，当石块入水的角度小于20度时，石块就会在接触水面的过程中很快地消耗掉动能，当入水角度大于45度时，石块无论如何也不能再向前弹，而是直接掉到水里了，而石头的触水角度若能保持在20度左右，不仅能以最小的速率（2.5 米 / 秒）打出水漂，还可以使石头与水面碰触的时间降到最低，这代表因碰撞消耗的能量较小，有更多的能量保留做后续的弹跳。

打水漂理论的应用

科学家所做的打水漂实验有着十分重要的实际意义。它可以帮助物理学家模拟航天器重返地球时进入大气层的过程：当航天器从空气稀薄的太空重返地球，进入“浓密的”大气层时，它的运动方式就与打水漂有几分类似，也有一个“弹跳”的过程。若航天器与大气层的接触角度太小，航天器会像水漂一样被弹回太空。举例来说，飞船的返回舱在返回过程中，到一定的高度，就会进入一个所谓的科学上叫“黑障区”的阶段，这是因为飞船返回舱在以超高速进入大气层时会产生激波，形成温度高达几千摄氏度的高温区。高温区内的气体和返回舱表面材料的分子被分解和电离，形成一个等离子区。它像一个套鞘似的包裹着返回舱。因为等离子体能吸收和反射电波，会使返回舱与外界的无线电通信衰减，直至中断。这时返回舱靠自身的控制系统，按照一定的程序返回地面；再到一定高度以后，就可恢复测控，地面就可以与航天员建立通信联系，因此打水漂实验将帮助物理学家更准确地模拟航天器回收过程，根据模拟的结果更精确地设定航天器进入大气层的角度和速度，降低“黑障区”阶段的系统风险，提高回收的成功率。看来小小的打水漂，蕴藏的学问还真不小。

大师的跪式服务

亦　文

老鼠学会了猫叫，得到了猫的友谊。但狗来了，不会狗语的老鼠不知所措，只好三十六计——走。

这里的“老鼠”在影射谁？

在“2000年中国国际科普论坛”上，诺贝尔物理奖得主莱得曼信手拈来的这个寓言将不懂得搞科普的科学家比喻成一只学猫叫不懂狗语的老鼠。

这种科学家式的自嘲让人若有所思。对中国普通百姓来说，科学家的用语深奥，在象牙塔里深居简出都属再正常不过，所以听到莱得曼教授的寓言后感到意外，再看到为了给中国观众更清晰地讲解，莱得曼教授跪在地上放幻灯片的景象，更是令人感慨——科学家离我们这么近，他们的话我们居然听得那么明白!

这使我们想起另一些大师的“科学普及”之作——

史蒂芬·霍金，是当今世界上继爱因斯坦之后最杰出的英国理论物理学家，他那奇异的大脑中产生出的智慧之光究竟有多少人能懂？但他在写作时说：“有人告诉我，我放在书中的每一个方程都会使本书的销售量减半，为此我决定了一个方程也不用。然而，在最后我确实用了一个方程，即爱因斯坦著名的方程 $E=mc^2$，我希望这个方程不会吓跑我的潜在读者。”

在霍金的书里，艰深的宇宙学常常搭配着如下的文字：

“如果宇宙确实是空间无限的，或者如果存在无限多宇宙，则就会存在某些从光滑和一致的形态开始演化的大的区域。这有一点像著名的一大群猴子敲打打字机的故事——它们大部分所写的都是废话，但是纯粹由于偶然，它们可能碰巧打出莎士比亚的一首短诗。类似的，在宇宙的情形，是否我们可能刚好生活在一个光滑和一致的区域里呢？”

另一个天才物理学家，夸克的发现者 M·盖尔曼的书更奇异：“夸克是所有物质最基本的基石，所有的物体都是由夸克和电子组成的，只不过数目有多有少。即使是美洲豹这种古已有之的力量和凶猛的象征，也还是一大堆夸克和电子！”

这就是当代科学家们的“猫语+狗语”，这就是科学家们为百姓所实施的“跪式服务”。

丢失的扣子

曾道红

1867年冬，俄国彼得堡军需部开仓发放冬装。奇怪的是，这次发放的军大衣全都没有扣子，官兵们对此十分不满。此事一直闹到沙皇那里。沙皇听了大臣的报告后，大发雷霆，要严厉处罚负责监制军装的官吏。军需大臣恳求宽限几天，以便对此事进行调查。

这位大臣到军需仓库查看，他翻遍了整个仓库，竟没有一件大衣上有扣子，负责仓库保管的军官和士兵们都说，这些军装入库时，都钉有扣子，扣子是不可能丢的。那么，这数以万计的扣子究竟哪里去了呢?

军需大臣委托一位科学家来破这个案。当科学家得知这些军装上的扣子全是用金属锡制造的时候，沉思了一会说："扣子失踪的原因是由于天气奇冷，锡扣子变成粉末脱掉了。"但在现场的所有军官都不相信科学家的解释。于是,科学家拿了一把锡壶放在花园的一个石凳子上。几天后,科学家请大臣一起到花园去看,“锡壶”仍放在原处,看上去和原来没有什么两样,但当他们上前用手指一碰时,奇迹发生了,锡壶变成了粉末。他们看得目瞪口呆,忙问科学家道:“这是怎么一回事?”

原来,锡具有与其他金属不同的物理性质。当环境温度极低时,其晶体结构会发生改变,体积增加20%左右,就变成一种灰色粉末;到了-33℃时,这种变化的速度就会大大加快。那年冬天,俄国彼得堡地区的气温下降到-33℃以下,所以银光闪闪的锡扣子都不见了,只在钉纽扣的地方留下一小撮灰色的粉末。

无独有偶,一些多次去南极探险的科学家们曾找到了一些若干年前在南极牺牲的探险家的尸体,他们是被暴风雪困在帐篷里冻饿交加而死的,奇怪的是帐篷里有充足的食物,只是装燃料的油桶是空的。

科学家经过仔细查看后发现,这些桶是用锡焊接的,在低温下,锡变成了粉末,使燃油全部漏光。当疲惫不堪的探险队员回到基地帐篷中时,因为没有燃料取暖,而食物又冻得像岩石般坚硬,探险家只能无可奈何地坐在那里等待生命最后时刻的到来了。

动物带来的高科技

西　平

神奇的“生物钢”

生物钢指羊奶钢，也指牛奶钢。羊奶与牛奶，本与钢铁风马牛不相及，但科学家硬是将它们巧妙地结合起来了。

1997 年，美国生物学家安妮·穆尔发现，在美国南部有一种被称为“黑寡妇”的蜘蛛，它吐出的丝比现在所知道的任何蛛丝的强度都高，而且它可以吐出两种不同类型的丝织成蜘蛛网。第一种丝在拉断之前，可以延伸 27%，它的强度竟达到其他蜘蛛丝的两倍；第二种丝在拉断之前很少延伸，却具有很高的防断裂强度。用这种蜘蛛丝织成的布，比制造防弹背心所用的纤维的强度还高得多。“黑寡妇”蜘蛛丝的优良性能，很快引起科学家的兴趣，他们设想，要是能生产出像蜘蛛丝那样高强度的纤维该多好啊。

科学家想让牛奶的蛋白基因中含有“黑寡妇”蜘蛛丝的蛋白基因，于是就先找山羊进行转基因实验。让山羊与“黑寡妇”蜘蛛“联姻”，将蜘蛛蛋白基因注入一只经过特殊培育的褐色山羊体内，在这只山羊产下的奶中，有大量柔滑的蛋白质纤维，提取这些纤维，就可以生产衣服。

实践表明，由转基因羊奶纤维造出的布，比防弹衣的强度还高十几倍。这种超强坚韧的物质，是阻挡枪弹射击的理想材料，也可以用来制造坦克、飞机与装甲车，以及作为军事建筑物的理想“防弹衣”。根据国外的资料，从一只羊每月产下的奶中提取的纤维，可以制成一件防弹背心。美国正在研究如何利用蜘蛛丝的专家称，利用这种纤维制成的 2.5 厘米粗的绳子，足以让一架准备着陆的战斗机完全停下来。科学家给这种物质取名叫“生物钢”。羊奶与牛奶变成的“生物钢”，不仅有钢铁的强度，而且可以生物降解，不会造成环境污染，可替代引起白色污染的高强度包装塑料和商业用渔网，还可用做医学方面的手术线或人造肌肤。科学家设想，如果让转基因山羊大量繁殖，就可以生产出大量的生物钢用于工农业生产与国防战略。考虑到山羊对植被的破坏性，对牛进行转基因实验的前途更为广阔，而且一头牛的产奶量比一只山羊的产奶量高得多。

蝗虫的避免撞车功能

巴西生物工程研究院的科研人员发现，蝗虫在飞行时具有一种能躲避其他运动物体的特殊功能，因为在蝗虫的大脑中，有一种起运动监控作用的神经细胞。科研人员将电子传感器安在这些特殊细胞上，然后让蝗虫反复观看汽车飞驰而来的镜头。结果显示，传感器的电流发生了变化，显示这些细胞曾发出信号，指示蝗虫作出躲避反应。据介绍，科研人员正在根据蝗虫的这一特殊技能，着手研究开发车用行驶监视装置，以帮助减少公路上日益频繁的撞车事故。

蝙蝠拐杖

蝙蝠能在黑暗中自由地飞翔，而不会碰到任何障碍物，靠的是它自身发出的一种超声波。超声波碰到物体后反射回来，蝙蝠就能知道前面有物体，于是会很轻易地躲过障碍。英国利兹大学的研究人员从这个原理中得到了启发，研制出“蝙蝠拐杖”，这种拐杖能发出一种人耳听不见的声纳波，帮助使用者探测障碍物。拐杖的塑料柄上有4个接收器，哪个方向有障碍物哪边的接收器就会震动，使用者就能知道障碍物的具体方位。障碍物远，震动就弱，如果离得很近，震动的速度就加快，拐杖使用者可以及时躲开。

世界上有成千上万的盲人生活在黑暗中，“蝙蝠拐杖”可以让他们对周围的环境形成一幅“脑中地图”，这样他们就可以走出家门，享受外面世界的精彩。

飞机与鸟的百年纠葛

邢　强

人类与鸟类恩怨的起源

雄鹰翱翔于天际，野鸭展翅于湖边。人类从仰望天空的那一刻开始，目光就始终没有从鸟类身上移开过，而心中那种想要飞翔的梦想，更是伴随着鸟儿的每一次振翅高飞而蠢蠢欲动。

1903 年 12 月 17 日，莱特兄弟驾驶自行研制的固定翼飞机“飞行者 1 号”，实现了人类史上首次重于空气的航空器持续而且受控的动力飞行。莱特兄弟对飞机的设计也得益于他们对鸟类飞行运动的观察。

然而，飞机与鸟类的第一场交锋，就发生在莱特兄弟的飞行中。莱特兄弟当中的弟弟——奥维尔·莱特，在1905年的飞行中与一群鸟相遇了。

从奥维尔·莱特后来的日记中，我们可以发现，这应该是人类首次用一架重于空气的飞行器杀死了一只鸟：

“这一天，我驾驶飞机在4分45秒的时间内飞了4751米。飞机在一块玉米地上空飞了4圈。我遇到一群鸟。其中有一只撞在了飞机的上层机翼上。那只鸟被杀死了，在空中画出一道形状尖锐的折线。”

梁子就此结下了。从此，人类与鸟类在空中的百年恩怨开始了。

加布雷恩·罗杰斯是美国航空业的先驱。他师从莱特兄弟，并购买了莱特兄弟设计的飞机。在创造了多项飞行纪录后，1911年9月17日，他驾驶飞机进行了漫长的飞行，经多次起降后，于当年11月5日，完成了飞越北美洲的壮举，这使他名声大振。

1912年4月3日，一只海鸥代表全体鸟类向当时被誉为最优秀的飞行家的罗杰斯下手了。当罗杰斯在这一天驾驶飞机飞行在加利福尼亚上空时，一只海鸥猛然撞向飞机。罗杰斯躲闪不及，海鸥直接冲破了机翼，并卡在飞机的操纵线缆上。罗杰斯瞬间就失去了对飞机的控制。飞机坠入加州长滩的一片浅水中。脖子摔断的罗杰斯没能从飞机残骸中逃脱出来，被淹死了。就这样，罗杰斯成了第一位死于空中鸟撞飞机事故的飞行员。

鸟类撞击对飞机影响有多大

迄今为止，最惨烈的一次与鸟类直接相关的飞机坠毁事故，发生在1960年。当时，一架美国东方航空公司的洛克希德L-188客机从波士顿起飞。然而，刚好在机场跑道上空，有一群紫翅椋鸟也在成群起飞。这些体长20厘米、体重不到100克的小鸟，让客机迫降在波士顿港湾。机上有5名机组人员和67名乘客，仅有10人幸存。

这场空难，让工程师们开始非常认真严肃地看待鸟类与人类飞行器之间的关系。大部分鸟类的特征是体型小、重量轻，因此，鸟撞击所造成的破坏主要来自飞机的速度而非鸟类的重量。随着航空技术的发展，飞机的速度不断提高，一些战斗机的速度可以达到数倍声速。

根据动量定理，一只 0.45 千克重的鸟与时速 80 千米的飞机相撞，会产生 1500 牛顿的力；与时速 960 千米的飞机相撞，则会产生 21.6 万牛顿的力——飞机的高速使鸟撞击的破坏力达到惊人的程度。鸟撞击对飞机的破坏与撞击的位置有密切的关系，导致严重破坏的撞击主要集中在导航系统和动力系统。

从 1960 年到 2011 年，在全世界范围内，由于鸟撞击事故，至少造成了 78 架民航客机坠毁或迫降，有 201 名乘客及机组人员因此丧生。另有 250 架军用飞机因鸟类撞击而坠毁，其中有 120 名飞行员因未能及时跳伞而丧生。

而自 2011 年以来，已经有超过 65 139 次登记在案的鸟类撞击飞行器的事件。统计数据显示，与飞行器在空中相撞的鸟类中，有 44.1% 撞到（或被吸入）发动机中，有 30.9% 撞到了机翼上。

飞行器如何应对鸟类撞击

既然鸟类撞击对飞行器有如此大的影响，那么，现代飞行器采取了哪些措施来应对呢？

首先，提高飞行器本身的强度，以便能够应对鸟类撞击的冲击力。在现代民航客机的适航标准中，有这么两项：飞机的机身在受到 1.8 千克重的鸟类撞击后，应仍然具备能够完成本次飞行任务的能力；飞机的尾翼在受到 3.6 千克重的鸟类撞击后，仍能稳定飞机，让飞机安全着陆。

为什么对尾翼的要求格外高呢？因为出过这样一起事故。1962年，一架美联航的“子爵”号客机在1828.7米的高度飞行时,撞上了一群天鹅。飞机的左侧尾翼损坏，升降舵失效，导致飞机失控坠毁，机上乘员全部遇难。这场事故使得工程师对飞机尾翼的结构强度变得尤为重视。

其次，一些关键的传感器要做好备份，并相隔一定的距离，以免被一只鸟一下子全部撞坏。

最后，现代航空发动机采用了一系列防鸟撞技术。不过，在说到这些技术之前，最好先看一下飞鸟、硬币、螺丝钉或者小石子能够对现代喷气式航空发动机带来怎样的伤害吧！

当异物撞击到高速转动的叶片时，会使叶片发生部分弯曲、折断、穿孔等伤害，尤其是像硬币、螺丝钉这样的坚硬物品，在吸入发动机后，这些硬物会与压气机叶片发生碰撞。而在大多数情况下，硬物会立刻反弹出来。

反弹出来的硬物，会被再次吸入发动机压气机，与叶片发生二次碰撞。随着叶片的转动，硬物会继续加速。被甩出或弹出后，硬物会再次被吸入……如此周而复始，直到硬物碎裂成小块，吸入发动机燃烧室或者随断裂的叶片穿透发动机的壳体飞出。即使少量异物进入发动机，如果其足够坚硬，毁伤效果也会类似于用一把自动步枪对着发动机扫射。

另外，如果鸟类被吸入发动机，还会造成发动机喘振甚至是停车。2006年11月，一架歼-7战斗机在返航过程中遭遇鸽群。发动机在194米的高空吸入了鸽子，状态突变。在127米的高空，发动机停车。飞行员为了避免战斗机坠向村庄和化工厂，放弃了宝贵的跳伞机会，将战斗机迫降在无人区域，但自己因战斗机下坠速度过快而牺牲。

按目前的统计数据，在所有的鸟类撞击事件中，有44.1%是飞鸟撞入或者被吸入发动机。为了解决这个问题，工程师首先想到的是让飞鸟远离喷气式发动机的进气口。

工程师在发动机进气口的中间部分画上了条纹：这样的话，机务人员就能够在噪声环境中分辨哪台发动机正在转动，而飞鸟也或许能够远远地看到发动机忽闪忽闪的样子而提前躲避。并且，在应对硬币、鸟类、小石子等异物的第一道防线，低压压气机的叶片形状得到进一步优化。最新研发的无凸台宽弦空心叶片，能尽量把较小较硬的异物甩到进气口外周，努力减少异物在“反弹—吸入—再次反弹出来—再次吸入”的过程中造成的多次伤害。目前，麦道-90、空客 A320 的部分型号使用的发动机就采用了这样的叶片。

关于微波炉的那些传言

云无心

微波加热致癌吗

因为微波是一种辐射，所以许多人自然而然地认为它会致癌。实际上，微波是一种电磁波，跟电波、红外线以及可见光本质上是同样的东西。它们的差别只在于频率不同。微波的频率比电波高，比红外线和可见光低。电波和可见光不会致癌，自然也就不难理解，频率介于它们之间的微波也不会致癌。其实，这里所说的“辐射”，只是指微波的能量可以发射出去，跟X光以及放射性同位素产生的辐射是不一样的。X光虽然也是电磁波，但是其频率比微波高得多，因而能量也高。而放射性同位素在衰变过程中会放射出粒子，所以它们能让生物体产生癌变。

微波不会致癌，也不会让食物产生致癌物质。甚至，它还有助于避免致癌物的产生。对于鱼、肉等食物来说，传统的加热方式，尤其是烧、烤、炸等，容易导致肉变焦，从而产生一些致癌物。2004 年发表的一篇科学综述介绍了这类致癌物的产生及其致癌性，最后指出：用微波炉加热可以有效减少这类致癌物的产生。

微波炉安全吗

微波的安全性跟太阳光一样，是否危害人体取决于能量的多少。和煦的阳光让人舒爽，烈日暴晒则可能造成皮肤灼伤。微波也是如此——既然能够加热食物，自然也能加热人体。问题的关键在于：到达人体的微波还有多少能量。

科学家们已经进行了大量的研究，得出了危害人体的最小微波功率。对于完好的微波炉，泄漏的微波功率距离危害人体的强度还很遥远。美国的规定是，在距离微波炉大约 5 厘米的地方，每平方厘米的功率不超过 5 毫瓦；而我国的标准更加严格，是 1 毫瓦。而且，微波的能量是按照距离减弱的。5 厘米处是 1 毫瓦，50 厘米处就降低到了 0.01 毫瓦，更是“人畜无害”了。

微波炉使用中的另一个安全疑虑是塑料容器释放的有害物质。的确，有些塑料在受热的时候，会释放出一些有害的成分。FDA（食品和药物管理局）测定了各种塑料容器在正常的微波炉中加热时可能释放到食物中的有害物质的量，要求这个量低于动物实验确定的有害剂量的 1% 甚至 0.1%，才可标注为“可微波加热”。所以，合格的“可微波加热”的塑料容器是相当安全的。

微波安全事故从何而来

FDA说，他们接到了许多因为使用微波炉而受伤的报告。不过，这些事故都跟微波炉本身无关，而是因使用不当造成的。以下是最常见的两类事故：

液体过热。用传统方法烧水的时候水会流动，到了沸点水就开了。而微波加热时水不流动，只是温度升高，有可能超过了沸点还“不开”。但是这个时候水的温度已经非常高了，只要有一点儿扰动，就会猛烈沸腾。如果这个扰动是在你拿水的时候发生的，那么你就会被烫得比被开水烫的还厉害。越干净的容器，越干净的水，就越容易发生这样的事故。其他液体，比如牛奶、汤等，因为其中有别的成分，不容易过热，但是如果长时间加热，液体也很容易因“暴沸”而溢出容器。并不是说不能用微波炉来加热这些食物，而是说要算好加热时间。

鸡蛋爆炸。微波炉不能用来加热鸡蛋，这大概是一个常识了。鸡蛋爆炸的原因有点类似于水的暴沸：鸡蛋内部过热，压力很大，一旦受到外界干扰，压力便会释放出来，于是鸡蛋就爆炸了。

自然与人

［日本］汤川秀树

陈喜儒　译

自然创造了曲线，人创造了直线。我坐在车里呆呆地望着窗外的景色，头脑中突然蹦出了这样一句话。远处丘陵的轮廓，近处草木的枝枝叶叶，都是无数条线、无数个面交织在一起的，其中没有一条笔直的线和一个平坦的面。与此不同，田园则用直线划分，散落其间的房屋的屋顶、墙壁都基本呈直线和平面。

自然万物为什么只用曲线来表现？理由很简单，如果没有特殊情况，偶然出现直线的概率要比出现曲线的概率小。那么人类为什么选择直线呢？从遵循最简单的规则的意义来说，这是最便于使用的方法。

自然创造的人类肉体本身，也是由复杂微妙的曲线构成的。但人类在探求自然界的奥秘时，反而在曲线的外貌中发现了潜藏的直线骨骼。实际上，迄今为止，人类发现的自然法则，从某种意义上说几乎都是直线的。但是，倘若继续探索，也许会发现并非直线的自然的精髓。

这个问题，可能更应该是理论物理学今后的课题吧？

寒冷的秘密你知道多少

文　筠

−273.15℃，没有比这再冷的了

−273.15℃，无论你用多少冰块都没法得到比这更低的温度。这是绝对零度，寒冷的极致。

有时我们会说“绝对零度”，而不是 −273.15℃。事实上，它们是同一个意思。为了方便，物理学家比较喜欢使用以一位英国物理学家开尔文的名字命名的“开氏温标”。这个温标来源于可能出现的最低温度。这就是为什么 −273.15℃相当于 0 开尔文，而 0℃相当于 273.15 开尔文。

一个名叫纪尧姆·阿蒙东的法国人，第一个假设了极限温度的存在。1703 年，他发现降低密封瓶中一定体积的空气的温度，瓶中的气压也会

随之降低。他由此推断温度降得越低，气压也就会越低，直到为零。然而气压代表的是外部大气对一个表面的作用力，它不可能为负数。一旦降到零，它便无法再低，这时它所对应的温度也同样无法再降。阿蒙东推算这个温度为 -240℃左右。

在高于绝对零度的温度下，组成物质的原子充满了活力，它们非常活跃；当我们把温度降到 -273.15℃时，原子们都静了下来。科学家把这一状态称为它们的能量基态。

为什么温度不能降得更低？以 -273.15℃的冰块为例，你还能把它的温度再降低吗？即使是最优秀的物理学家也无法做到这一点。因为一个物体要冷却，必须以热量的形式出让一部分内部能量。热量实际上是两个物体传递能量的“钱币”。想知道热量从哪里传向哪里，只需要比较两个物体的温度。然而，一个温度为 -273.15℃的物体无法出让热量，它没有足够的内部能量可供出让，仅剩的那一点只够维持它自身的存在。它唯一能做的是接受热量，也就是回暖。

匪夷所思的寒流世界

在极低的温度下，物质会改变它们原有的状态。气体和金属会变成超流体和超导体，并且表现得十分怪异……

想象中，我们将前往酷寒之地——约 -270℃的深寒世界。在那里，我们和一种液体有约，那就是氦。或许你比较熟悉它处于气态时的样子，就是这种气体带着气球从千家万户的屋顶上飞过。但就像所有气体在低温下所表现出的那样，它也会液化。在 -269℃，氦会液化。而再降低 1℃，它们就变得疯狂，如天外来客般令人匪夷所思。1937 年，当人们首次观察到这种现象时，竟然找不到合适的词语来形容它。俄罗斯物理学家彼得·卡皮查不得不为此创造了一个新词——超流体。

超流体令人印象最深刻的，是它“穿墙而过”的能力。这种超能力因摩擦消失而产生。当我们说某种液体很黏稠，是指它在物体表面很难流淌。比如说蜂蜜非常黏稠，水就不太黏稠，而超流态的氦一丁点儿都不黏稠，所以它很容易流淌、散开。对它而言，所有的容器都是一个超级漏勺。想象一下：一条只有几十亿分之一米（相当于一颗原子大小）宽的缝隙，氦原子们争先恐后地从这条裂缝潜出。超流体的黏度为零，因此没有任何力量可以阻止它运动。

超流体并不孤单，还有一种叫做“超导体”的，它俩从某种程度上而言就像是表兄弟。超导与超流类似，不过它不再发生在氦原子身上，而是发生在电子身上。在正常情况下，电子会不断撞击金属导体的原子，本该用于前进的能量结果变成热能散逸掉。当它们最后再也无力前进时，电流也随之消失了。但在极低的温度下，一切都变了。降至临界温度以下后，电子就不再撞击原子，它们就好像从一条堵塞的道路转到了高速公路上，再没有任何障碍。结论就是，一旦把电流注入超导金属，这股电流可以几年不断，而且不需要发电机来维持。

冷冻，能复活吗

美国的一些机构如“阿尔科生命延续基金会”，或者是“人体冷冻研究所”，最近 20 多年一直在向客户提供特殊服务：只要医生作出死亡鉴定，他们就立刻把客户的尸体存入 -196℃的液氮中……这条“天国”之路冰冷刺骨，但这些机构向客户郑重地解释说，只要有一天，科学能够治愈导致他们死亡的疾病，就会把他们救醒，让他们摆脱病魔，重享人生。2007 年，有 130 多人选择交付 15 万美元，把液氮冷冻柜作为自己最后的居所。而且此后,他们每月还要支付500多美元的维护费用。不过再次“叫醒”他们应该是相当艰难的。

在冷冻中永生一时还办不到，但这并不意味着研究人员对这一课题不感兴趣。到目前为止，他们已经可以冷冻精液、胚胎和皮肤……最大的一次成功是在2005年，诞生在美国人格雷戈里·梅伊的实验室里。他先取出兔子的一个肾，把它放到-130℃的低温中保存，然后解冻，用它替换下兔子的另一只肾，而兔子竟然还能正常地小便！这也就是说，这个肾运转良好！当然，兔子的肾很小，只有20克重，不过这仍然是一个令人惊喜的结果，它的实现多亏了一项高速发展中的尖端技术——玻璃化冷冻。

基于这个成功经验，我们可以想象人类在几十年后就会拥有器官库，使有需要的病人随时都能接受器官移植。有朝一日，我们一定会得益于低温生物学的发展和器官库的完善而能活得更久，但永生依然是个奢望。

霍金是怎样“炼”成的

李珊珊

世上最贵重的黄金、白金，也比不上霍金。霍金的走红缘于他那发达的大脑加上一具衰败的躯体，这也正好符合人类对那种叫科学家的“异类同胞”的想象。

一些人说，这个大脑比这个星球上大部分同类更了解宇宙，却不能在这个星球表面上随意走动；另一些人则认为，他根本不可能是我们的同类，他应该是个外星人。

这个大脑做了什么？

同行们说，他提出了大爆炸可能开始于一个奇点，还发现了黑洞不黑，并且有辐射。前者为霍金捧得了 1988 年的物理学沃尔夫奖；而对于后者，《连线》杂志认为，那是足以获得诺贝尔奖的研究成果。

普通公众也许只知道这个人写过《时间简史》——一本可能是世界上最难看懂的畅销书——全球销量几乎达到1000万册。以“物理”的名义，霍金卖出的书超过了麦当娜的写真集《性》。

普通的小时候

霍金的传奇人生可以追溯到他的出生日期：1942年1月8日，伽利略逝世300周年纪念日。霍金出生于一个典型的英国中产家庭，父母均为牛津大学毕业生，父亲是医生，母亲婚后做家庭主妇。

小时候的霍金从未表现出什么惊人的天赋。不过，因为分班测试时超常发挥，霍金去了一个很好的班级，结果，他的成绩在班级从未排名上游，一般是在20名上下。

小时候的霍金还有个比较像小天才的癖好：喜欢玩具火车、轮船和飞机，尤其喜欢把它们拆开，探究它们是怎样运行的。

12岁时，两位朋友用一袋糖果打赌，说霍金永远不可能成才。当然，他们错了。不过，打赌正好也是霍金的爱好，但他经常输掉。他曾与某位科学家打赌：如果对方赢了，霍金替他订阅一年的《阁楼》；如果霍金赢了，对方替他订阅一年的《侦探》。16年后，结果出来了——霍金输了，他却很开心，因为打败他的，是自己的新理论。

研究宇宙学

做医生的父亲希望霍金去学医，但他不喜欢生物学，因为那个学科不够抽象。17岁那年，虽然“考得很糟”，他还是拿到了奖学金，进了牛津大学的大学学院。

大学学院不设数学专业，所以霍金申请了物理学，然而，仍然没有什么火花在霍金与物理的碰撞中产生。在牛津的岁月里，他仍然没有显现任何“成才”的迹象，他的人生，仍然只是马马虎虎。

20世纪50年代末，极端厌学的情绪笼罩着牛津。在牛津的4年间，霍金总共用功1000小时，“平均每天1小时”。为了通过期终考，他选择了理论物理。他说，那是为了“避免记忆性的知识”。因为成绩不好，处于一等和二等的边缘，他需要面试。面试时，一位考官问到他的未来计划，霍金回答：“我要做研究。”最后，他拿到了一等的毕业成绩。

霍金想研究的是宇宙学。在理论物理中，有两个领域是最抽象也最基本的，一个是看不见摸不着的基本粒子，另一个是庞大的宇宙。霍金觉得粒子物理不如宇宙学抽象，前者更像生物学。霍金去了剑桥，因为“当时的牛津没人研究宇宙学，而剑桥的霍伊尔却是英国当代最杰出的天文学家”。

我们的宇宙为什么是这样？有一种说法是：我们就在这里，所以，我们看到的宇宙就是这样。但这个答案不能让霍金满意，他想要知道更多。

医生告诉他只有两年寿命

滑冰时，母亲发现，儿子在摔倒后要爬起来非常艰难。霍金住进了父亲的医院，住了3周，做各种检查，目睹对面床上一个男孩死于肺炎。医生告诉他，有一天，他会死于呼吸肌功能丧失，而他的寿命也许只有两年了。

拿着医生开的维生素片，霍金回到学校，他觉得自己很倒霉，“也许活不到博士毕业了”。他做噩梦，听瓦格纳的音乐。浑浑噩噩中，霍金邂逅了一个叫简的圆脸姑娘，并和她订了婚。

很多年后，有人问简：“为什么要跟一个只有两年寿命的人订婚？”

她笑了笑，说：“那个年代，人人都说苏联的核武器两年内就会打过来。”

跟简顺利结婚

为了结婚，霍金需要工作;为了找到工作，他得拿到博士学位。于是，平生第一次，他开始用功。在医生宣判的死期临近时，霍金的广义相对论研究有了点眉目，而且他遇见了彭罗斯。

彭罗斯比霍金大 11 岁，他有相当好的数学功底。当其他人正在费尽心思猜测求解方程时，彭罗斯引进了一种新方法，不需要具体的求解方程，就能看出解的一些性质。

根据爱因斯坦的理论，万有引力与时空观紧密相关，在爱因斯坦看来，万有引力最恰当的解释不是传统的力，而是时间和空间的弯曲。当时空弯曲了，所有的物体走最短程的路径，这些短程路径看上去就像是引力作用在物体上而引起的。黑洞就是时空弯曲的最有名的例子。

从 1965 年到 1970 年，霍金和彭罗斯组成一个关于黑洞、婴儿和宇宙的研究小组，他们成功了。在那个年代，编写“现代宇宙学编年史”时，克拉夫写道：“我们观测到了大爆炸的遗迹——微波背景辐射（已获 1978 年度诺贝尔物理学奖），也给出了大爆炸这一现象的理论支持。”

很快，霍金顺利毕业，申请到了学院的一笔研究奖金，跟简顺利结婚。他再也没有联系那个判他死刑的医生，医生也没有联系他。而他的病，看上去也忘了他，恶化的速度一天天慢了下来。

到 1979 年，霍金有了 3 个子女，还获得了卢卡斯教席——这是数学界最重要的一项教授名衔。霍金说：“因为我在系里办公室的门上贴不干胶字条，系主任很生气，便推选我做卢卡斯教授，好让我搬到另外一间办公室去。”认识他的人都知道，这段话只是一个牛津学生在假装不在乎荣誉。事实上，霍金对这个头衔非常在意，他记得自牛顿以来 300 年间所有获得卢卡斯教席的人的名字。

难以理解的书居然很畅销

到了 1982 年，霍金开始打算发挥自己的专长去赚点钱。他想写本关于宇宙的小书，读者是广大公众。他要给那些对物理学和数学一窍不通的人解释宇宙学，而且要让书畅销。

霍金先把想法告诉了剑桥出版社一个出版过他学术著作的编辑，并明确表示，这本书的版税可以再谈，但希望能有一笔预付款。编辑给霍金允诺了 1 万英镑的预付款。在剑桥出版社，这已经是最高标准了，但对霍金而言，显然不够。

一位纽约的文化经纪人接了兜售霍金写作计划的活儿，他对各大出版社说："宇宙学以及霍金与疾病奋斗的故事是这本书畅销的两大保障。"最终，美国的矮脚鸡出版社用 25 万美金的预付款和丰厚的稿酬买走了霍金的故事。

1984 年，矮脚鸡出版社派了一个编辑与霍金合作完成这本书。这本书写得很不容易，其间，霍金因为患肺炎不得不切开气管，失去了说话能力，只能靠扬眉来进行交流。幸亏很快就有人送了他一个协助沟通的计算机程序，让他可以继续写作。

1988 年，在霍金 46 岁的时候，他与彭罗斯一起获得了物理沃尔夫奖。这本《时间简史》也终于在美国出版了。

然后，霍金就出名了：《辛普森一家》把他画进了卡通片，亿万富翁出钱赞助他去体验无重力实验室……甚至在《哈里·波特》中，竟有魔法师在酒吧翻看《时间简史》。

据说，宇宙的难以理解之处就在于它居然是可以理解的；而霍金的书令人难以理解的地方则在于，如此难以理解的书居然被卖出去了，还很畅销。

随着《时间简史》的热销，霍金的婚姻也走到了尽头。与他结婚25年的简认为，她正在失去自我："每次到了正式场合，我就只是个站在他身后的人。"嫁给霍金后，为了摆脱这种感觉，简曾很努力地拿到了中世纪欧洲文学的博士学位，甚至在剑桥大学获得一个教书的职位。然而，在春风得意的霍金看来，与宇宙相比，那些人类编出来的东西，实在不算什么。

1991年，霍金和简离婚。4个月后，霍金娶了自己的护士伊莱恩·梅森，后者的前夫正是替霍金在轮椅上装电脑和语言合成器的工程师。

2005年接受采访时，霍金说："我知道我的人生很难被描述为普通，但我确实觉得，在我心里，我就是个普通人。"

很少有人能听懂这个"普通人"的话，然而，这不妨碍人们喜欢这调调。科学家这个职业的从业者就该这样。

极小，但很神奇

何　佳

不流血的外科手术

无影灯照着白布巾围着的手术部位，病人已进入麻醉状态。只见外科医生那聚精会神的面孔，熟练而机械的动作，以及那断断续续发出的吩咐声："止血钳！——手术刀！——纱布塞！……"

我们从书上或根据亲自经历都能想象出，外科手术的情景就像上面所描写的那样。在我们的意识中，一提起手术，它总是与病人麻醉后的苍白的脸、血淋淋的手术部位以及手术后无休止的疼痛和缓慢的恢复过程联系在一起的。

这个惨痛的过程能消失吗？假如，没有无影灯，没有满眼的白布巾，甚至没有麻醉剂，没有手术刀、止血钳、纱布塞……没有这一切，一个外科手术——比如切除脑垂体瘤——该如何进行呢？

很早以前人们就知道，对脑垂体施加一定作用，可以影响体内一系列生理过程，从而达到防治疾病的目的。但遗憾的是，有时脑垂体本身的细胞也会发生病变，长得特别大，成了畸形，医生称之为脑垂体瘤。发生病变的脑垂体，不能再履行其调节内分泌系统的职能。这种病，过去只有接受脑外科手术才能治愈，而脑外科手术既复杂又危险。整个脑垂体大约只有1立方厘米大小，对于这个“小不点”来说，医生的那把手术刀的确显得太大了！

那么，该怎么办呢？不用担心，外科手术的无血时代已经开始了。先进的科学技术已经为现代医生们准备了最精密的技术——纳米医学技术。让我们来看看病人的手术情况吧！

病人走进一间富丽华美的房间，人们扶他躺到一张舒适安逸的床上，亲属面带微笑地安慰病人。医生给病人头上套上一个按照病人尺寸用速凝塑料制成的头罩，接着将一针试剂注射入病人体内，然后吩咐：“所有的人均退出房间，手术开始了。”

此时，屋里只剩下病人一人，病房里既听不到医生的吩咐声，也看不见控制台上的信号灯闪烁。尽管病人意识清醒，可他听不到外界的任何声音，也不感到疼痛，只不过有点紧张。当然，这是难免的，因为手术部位是人的最重要器官——大脑，确切地说，是脑垂体。

半个小时后，病人已经治疗完毕，当他起身时，他看到的是医生和亲属那一张张笑脸。人们把病人领到“术后病房”，病人外表无任何异常，可是手术的效果却很好，病灶被彻底根除了，而且是在细胞水平上被除掉的。

最小的就是最好的

这就是神奇的纳米医学技术。现在，你心里也许还纳闷，医生们是如何完成了“不流血的外科手术”的呢？

其实，这个手术的最关键的过程就在于医生给病人注射的那一针，注射器里装的既不是麻醉药，也不是其他任何药剂，而是一个个小到肉眼都看不见的微型机器人——纳米机器人。这种纳米机器人能够根据医生的需要，通过体液进入人体，对指定部位进行修复、抢救等，从而使人体的生病部位能立即好转。而这一次手术，纳米机器人就是顺着病人的血液，进入大脑脑垂体部位，对发生病变的脑垂体细胞进行大清除，把病变细胞杀掉。很快，清除工作结束了，发生病变的细胞全都不见了，无需流血，没有疼痛，病人在休息一段时间后很快可以痊愈。

多么神奇！

那么，什么是纳米机器人？什么又叫“纳米”呢？

纳米机器人是在纳米尺寸上制造的微型机器人。所谓纳米，又称毫微米，它只是一种长度计量单位。我们知道，一毫米等于千分之一米（$1mm=10^{-3}m$）；一微米等于百万分之一米（$1\mu m=10^{-6}m$）；而一纳米则等于十亿分之一米（$1nm=10^{-9}m$）。如此微小的单位，它是用人类肉眼所不能看见的，甚至用光学显微镜、电子显微镜都不能看见它！拿一个小小的纳米机器人与人相比，就像拿一个人与地球相比一样，悬殊实在太大了。但是，也正是因为纳米机器人微小的个子和精确的控制能力，才使得它能自如进入人体内，对人体进行手术。

纳米技术指的是在 0.1 纳米到几百纳米的尺度范围内对原子、分子进行观察、操纵和加工的技术。有了纳米技术，人类制造任何一件物品的最原始材料只有一种——原子！通过排列原子制造出机器人（当然可以是微小的纳米机器人，也可以是大个子的纳米材料机器人）、电视、房子、高层建筑……

不仅仅是外科手术，总有一天，你会发现，你的生活和周围的世界会与一个称为“纳米”的名词紧紧联系在一起：

当你早晨一觉醒来时，由纳米传感器和纳米变色材料组成的纱窗会根据你的需要自动送入新鲜的空气，自动调节室内的亮度；你不小心把纳米陶瓷材料制成的杯子掉在地上，杯子却像有弹性一样蹦了起来；又重又厚的电视已经不存在了，它们是直接印到墙壁上的由神奇的纳米发光材料制造的电视；你使用的计算机已经精确到原子水平，因为计算机的电路、存储器等是由纳米尺度的元件制造的，当然，机器人也是纳米级的；你所居住的地球周围的太空被无数的纳米卫星包围着，因为一次卫星发射可以将数百万颗微小的卫星送入太空……

当这一天到来时，你就会发现，在某一方面，最小的的确是最好的。

比网络更疯狂，比克隆还可怕

也许有人认为，20 世纪后期萌动的网络情结已经使人们的生活和思想改变得无以复加了，网络对人类的冲击已达到了顶峰。但是，如果再过几年，你就会看到，纳米技术才真正是彻底改变人类生活和思想的、最具冲击力的科技!

首先，你会发现，纳米比克隆还可怕。现在已经有科学家为纳米的未来进行了也许还不算最疯狂的设想。他们认为，如果有一天，天遂人愿，使他们完全掌握了纳米技术，可以做到在分子、原子甚至电子的层面制造产品的话，那么，后果是不堪设想的。例如，人类就可以通过排布自身的原子、分子来重塑身体——如果你想增高，通过重塑你的骨骼的原子结构，使得你的骨骼变得比原来更长，那你不就增高了吗？甚至，如果你觉得你的尊容已经被人看“腻”，想改头换面，变成另一副面孔，你也可以通过纳米技术来重组体内原子，变成另一个你！通过神奇的纳米技术，人类将可以随时随地重塑一个你和我！

还记得在科幻世界里那些随意消失或随意变化的人吗？还记得在神话世界里孙悟空的七十二变吗？现在，所有这一切都不是在疯狂的科幻世界里，不是在神奇的神话世界里，而是在离我们也许只有几年之遥的纳米时代！因为纳米技术离我们已经太近了。这个崭新的学科，已经悄然兴起并迅速渗透到科学的各个相关领域，纳米电子学、纳米生物学、纳米材料学和纳米机械学等等学科已陆续粉墨登场，人类的所有愿望将在纳米时代里实现。

其次，你还会发现，几乎所有有先见之明者对纳米技术都抱着憧憬的态度。例如，美国斯坦福大学负责研究纳米技术的工程师托马斯·肯尼说：“人们都疯狂了，我的电话铃响个不停，许多人——真令人出乎意料，愿意为我们提供研究资金，我们能够筹集到很多很多的钱！”只有纳米才能够令人如此疯狂，因为更多的人认为，美国的风险投资投在网络上，还会有泡沫破灭的可能，但是，如果将钱投在纳米技术上，那可比存在银行里还保险！

纳米技术真的那么神奇吗？纳米时代真的那么具有冲击力吗？如果说比尔·盖茨的天才使得人类走进了疯狂的网络时代，那么，又是哪一位天才领着人们向既疯狂又神奇的纳米时代挺进呢？

进入疯狂与神奇的时代

其实，早在20世纪中叶，人们就已经对毫米及微米技术的运用得心应手了。有了这个前提，才有了1959年美国著名的物理学家、诺贝尔物理奖得主费曼的天才设想：逐级地缩小生产装置，以致最后由人类直接排布分子、原子，制造产品。费曼问道："如果有一天能按照人们的意志安排一个个的原子，将会产生什么奇迹呢？"

天才的构思得到了更多天才的回应。1977年，美国科学家德雷克斯勒提出，可以模拟活细胞中生物分子，制作人工分子装置，并第一次提出"纳米技术"，成立了世界上第一个"纳米科学技术研究组"。

虽然，想法是很好的，可惜那时，还没有人能够找到一个窥探原子、分子的工具，更不用说能够有一个装置来排布分子、原子制造产品了。缺少观察和排布原子的工具，这就是当人们企图向更微小的领域——纳米尺度推进时，遇到的最大的阻力。

不过，进一步对微观领域的研究和观察却使科学家们有了振奋人心的新发现：在纳米尺度上物质发生了许多不同于宏观世界的奇特的物理和化学变化，许多我们习惯了的概念和方法在纳米范围行不通了，但是，这种结果却最终导致了纳米物质的多种神奇的现象。

举个简单的例子：陶瓷在我们的印象中是很硬、很脆的，陶瓷茶壶一摔就碎，对吗？这是因为陶瓷是用泥土烧铸而成，泥土颗粒非常大，如果把陶瓷泥土的颗粒缩小到纳米尺度，那情况会怎么样呢？令科学家们吃惊的结果是：脆性的陶瓷竟然可以像弹簧一样具有韧性！

再举一个例子：我们称电子的流动叫电流，是形容它像水流动一样沿着导体传输。但是，如果这个导线的直径只有几十纳米时情况会怎样呢？研究发现，在波粒二象性的原则下，这时的电子是在波动地前进，导线已经不能对它进行有效的约束——看吧，这就是诡秘莫测但又充满诱惑的纳米世界！这里有许多未知的宝藏有待开发！

有了这许许多多的新发现，好奇而倔强的科学家发誓，无论如何，一定要带领人类进入这个诡秘而充满诱惑的纳米世界。

探索原子世界的眼睛

人类的历史已经表明，科学的进步总是与工具的进步密切相关的。而要进入神奇的纳米世界，我们必须借助目前世界上最先进的显微工具，一个能够窥探原子世界、能够排布原子的工具——扫描隧道显微镜。

自有人类文明以来，人们就一直为探索微观世界的奥秘而不懈地努力。1674 年，荷兰人列文·虎克发明了世界上第一台光学显微镜，并利用这台显微镜首次观察到了血红细胞，从而开始了人类使用仪器来研究微观世界的新纪元。光学显微镜的出现，开阔了人们的观察视野，但是由于受到光波波长的限制，光学显微镜的观察范围只能局限在细胞的水平上，分辨率大约在 10^{-7} 至 10^{-6} 米的水平上，人类能否看得更小、更精确一些呢？为了达到这个目的，科学家进行了几个世纪不懈的努力。1931 年，德国科学家恩斯特·鲁斯卡利用电子透镜可以使电子束聚焦的原理和技术，成功地发明了电子显微镜。电子显微镜一出现即展现了它的优势，电子显微镜的放大倍数提高到上万倍，分辨率达到了 10^{-8} 米。在电子显微镜下，比细胞小得多的病毒也露出了原形，人们的视觉本领得到了进一步的延伸。但是，相对于纳米尺度，所有这些显微镜都还显得太粗糙了，人们盼望着在探索微观世界的历程中再迈出新的一步，盼望着更加精确、分辨率更高的仪器的发明和面世。

正像绝大多数科学的新发现和新发明都具有其偶然性和必然性一样，当20世纪70年代末德裔物理学家葛·宾尼和他的导师海·罗瑞尔在IBM公司设在瑞士苏黎士的实验室进行超导实验时，他们并没有把自己的有关“超导隧道效应”的研究与新型显微镜的发明联系到一起。但是，这个实验却为他们今后发明扫描隧道显微镜奠定了基础。

一次偶然的机会，两位幸运的科学家读到了物理学家罗伯特·杨撰写的一篇有关“形貌仪”的文章，这篇文章中有关驱动探针在样品表面扫描的方法使他们突发奇想：难道不能使用导体的隧道效应来探测物体表面并得到表面的形貌吗？以后的事实证明，这真是一个绝妙的主意！

经过师生两人的努力，1981年，世界上第一台具有原子分辨率的扫描隧道显微镜（英文缩写为STM）终于诞生了。这项天才的发明被称为“原子世界的眼睛”，通过它，人类得以真正“看到”了原子、分子世界的奇异的情境。在扫描隧道显微镜下，导电物质表面结构的原子、分子状态清晰可见。

那么，为什么STM有如此高的分辨率呢？它是如何工作的？为了弄清这个问题，我们先要从隧道效应讲起。在中学时我们就学过，如果在一段导体的两端加上电压，就会有电流流过这个导体；如果把这个导体弄断并分开呢？自然就没有电流了。这就是我们所熟悉的电路常识。但是如果我们想象把这断为两截的导体放得非常非常近，比如说距离控制到小于1纳米吧，情况又会怎样呢？根据经典电学的常识，你的脑子里也许会反应出，导体没有接上，应该没有电流吧？我劝你不要回答得太快，因为奥妙也许就在这里！

这两截距离小于1纳米的导体能够产生电流，它叫隧道电流。根据量子力学理论的计算和科学实验的证明，当具有电位势差的两个导体之间的距离小到一定程度时，电子将存在一定的几率穿透两导体之间的势垒从一端向另一端跃迁，这种电子跃迁的现象在量子力学中被称为隧道效应，而跃迁形成的电流叫做隧道电流。

扫描隧道显微镜的基本原理就是利用加上高电压的探针与样品，在近距离（< 0.1 纳米）时产生的隧道电流来“看见”原子。要知道，样品的表面在显微镜下实际上是凹凸不平的，而造成其凹凸不平的原因是因为原子的排布不均匀。由于扫描隧道显微镜的探针非常尖锐，通常只有一两个原子那么尖，当探针在样品表面水平方向上有规律地运动时，我们就会发现，与探针相连的电流器会测出探针上电流的变化，这是因为当探针探到样品表面有原子（凸处）的地方，隧道电流就加强，而无原子的地方（凹处）电流就相对弱一些，通过这个微小的变化，科学家就可以通过计算机“看到”原子的存在，也可以通过探针的针尖从样品表面吸起一个原子移到别处，然后撤去电场，让原子落在新位置上。

有了扫描隧道显微镜，人类就有了观察和排布原子的工具，它为人类打通了通向纳米时代的道路。

显微镜下的魔鬼世界

通过各种显微镜，人类得以观察物质表面的各种现象。

任何一种物质，只要它向大气敞开，它将不可能逃脱大气里灰尘、细菌和化学物质的侵蚀。这种侵蚀首先从物质的表面开始，此后将长驱直入。这是由于物质表面的原子、分子的空间结构不同于物质的内部结构，因此，物质表面的各种反应要比物质内部的反应剧烈得多。面对千姿百态、神秘莫测的物质表面，有位哲人曾感叹：物质表面是个魔鬼！

观察物质表面的艰巨任务就交给了扫描隧道显微镜，因为它可以让人类从纳米尺寸上来观察物质表面。

1990 年，IBM 公司的科学家们开始利用扫描隧道显微镜深入物质表面的魔鬼世界了。他们用显微镜的探针将原子吸起，一个一个地把它们放到一块金属镍的表面上，最终用 35 个惰性气体原子组成了“IBM”三个英文字母。这是一项令世人瞠目结舌的实验，因为它意味着人类首次可以对物质表面的原子进行操纵！这在过去只能从科幻小说上看到的情节现在成为了现实，怎能不让科学家浮想联翩、为之振奋呢?

此后，STM 的探针不仅可以将原子、分子吸住，还可以将它们像算盘珠子一样拨来拨去。这不，科学家把碳 ^{60} 分子每十个一组，放在铜的表面，组成了一个世界上最小的算盘——纳米算盘。

碳纳米管的出现使得光导纤维成为可能。碳纳米管是一根直径只有一个原子大小的金属导线，这根细小的金属导线可以成为光子的隧道，光在碳纳米管中可迅速通过。

现在，纳米的科学时代真正开始了。人类不仅仅只满足于用扫描隧道显微镜来窥探物质的表面如此简单的工作了，它还被用来制造纳米工具。这就意味着，人类对纳米的应用已不仅仅满足于对物质表面的研究，人类开始随心所欲地控制纳米材料，并用它来制造新的物品!

日本的工程师们就制成了直径只有 1 毫米的静电发动机，制成了只有米粒大小而能正常运转的汽车及只有 5.5 毫米长的管道机器人——有朝一日它将能钻进核管系统检查管道裂缝。德国的工程师也不甘落后，他们开发了只有黄蜂大小的直升机，肉眼看不见的发动机，火柴盒大小的反应器……

有关纳米的疯狂构思更是层出不穷。

人类不是曾经想过一步登天吗？那就制造一架太空升降机吧。从地球的同步轨道卫星上垂下一根缆绳到地球表面，人或物品可以顺着缆绳直上太空，直下地球，这是多么美妙的事啊！现在，最困难的技术就是这根缆绳的韧度，科学家们一致认为，只有纳米结构的超级纤维才能担此重任。

一劳永逸不正是人类梦寐以求的梦想吗？纳米时代可以帮助你实现它。在纳米时代，你再也不用洗衣服、拖地板、清洁卫生，这并不是因为有机器人帮你完成这些工作，而是因为所有的东西都不会脏！纳米材料制成的东西可以永久性抗菌！

此外，还有可以“一卷即拿走”的电视机，有可帮助心脏跳动的“微型马达”，人体血液中流动的将是“纳米红细胞”……未来的一切，全都与纳米息息相关。

纳米在军事上的应用更是令各国部队时刻关注。目前，计划用纳米制造出来的武器就有:“麻雀”卫星、“米粒”炸弹、“蚊子”导弹和“蚂蚁”士兵……纳米武器具有更强的杀伤力、隐蔽性和廉价性，它的出现和使用，将大大改变人们对战争力量对比的看法，使人们重新认识军事领域数量与质量的关系，产生全新的战争理念。

决战纳米时代

就像之前各国都在争夺网络空间与网络技术一样，从现在开始，对纳米技术的争夺战已经开始了。从大西洋到太平洋，从美洲到亚洲，各国纷纷制订相关战略或者计划，投入巨资抢占纳米技术战略高地。

从 2000 年 10 月 1 日起，美国开始实施一项称为“美国国家纳米技术倡议——导致下一次工业革命的纳米技术计划”，美国前总统克林顿说：“1997 年，国家对纳米技术投入了 1 亿美元；1999 年，国家花在纳米技术上的钱大约为2.5亿美元，现在，我将支持预算为5亿美元的国家纳米倡议。”这就是说，美国政府已经把纳米技术作为了科技研究与开发的第一优先计划。

日本也不甘示弱，拿出了2.25亿美元设立了纳米材料研究中心，把纳米技术列入新5年科技基本计划的研究开发重点。德国也把纳米技术列入21世纪科研创新的重点，19家研究机构专门建立纳米技术研究网。

在各国为纳米市场激烈竞争的同时，我国纳米市场的前景如何呢?

我国将纳米技术研究列入国家的“攀登计划”、“863计划”和“火炬计划”。

1999年，中国科学院化学所的科技人员利用纳米加工技术在石墨表面通过搬迁碳原子而绘制出了一张世界上最小的中国地图——纳米中国地图。这幅地图究竟有多大呢？打个比方吧，如果把这幅图放大到一张一米见方的中国地图上，就等于把这张一米见方的中国地图放在中国辽阔的领土上一样。目前，我国已有了微直升飞机、微马达、微泵、微喷器、微传感器等一系列微机电系统元件问世，所有这些袖珍的纳米工具，标志着中国对纳米技术的掌握不亚于任何国家，中国的纳米技术起点并不低。

由于微米技术的出现，将带来改变世界的数次工业革命。第一次工业革命带来了蒸汽机、拖拉机，第二次工业革命造就了电力时代，第三次工业革命是计算机信息时代。这三次工业革命所取得的成就，今天的人类正在受益着。那么，神奇的纳米技术将给人类的明天带来怎样的惊喜呢？专家预言，未来的数次工业革命将与纳米技术有着密切相关的联系。我们期待着纳米技术带给我们更方便、更美好的新生活。

教室里荡秋千的教授

艾丽娜·拉森
彭金平　编译

假如你有机会去听麻省理工学院沃尔特·H.G. 卢因教授的物理学讲座，你会惊讶地发现，这位有名的教授并没有高高在上地坐在讲台后，你也看不到他对着笔记本或者投影屏幕向观众滔滔不绝地进行讲解的情形。事实上，你更可能发现他正在教室里荡秋千以演示钟摆是如何运动的；或者用小猫的卷毛猛击一个学生以产生一个电荷。“学生们可能记不住一个复杂的方程式，”他说，“但是他们肯定能记住一个在空中飞翔的教授。”

沃尔特的学生不仅仅是那些考取了麻省理工学院的智力超群的学生。依靠视频网站，沃尔特的讲座到达了世界各地，他的学生已经超出了他能想象的最大数量。“我对物理学是如此充满激情，”他说，“我不仅希望能和我的学生分享它，也希望和其他人一起分享，不管他只有 7 岁，还是已经年满 90 岁。”

当沃尔特于 1972 年开始从教时，他所想的也只是遵循传统的教学模式。“我恨不得在一个小时内把所有的知识都塞进学生的脑瓜。”但沃尔特很快就注意到学生们更容易接受他们感兴趣的东西，而最使他们感兴趣的是互动的演示而不是被动地接受知识。“关键不在于你讲了多少知识，”沃尔特说，“而在于让你的学生能爱上物理这门课程。”

甚至连沃尔特的网络受众都被他激发出了一种自己以前所不知道的对物理学的喜爱。“我经常接到孩子们的来信，他们告诉我他们理解了一些复杂的知识，而且认为我是非常有趣的。”沃尔特说。

尽管要花费大量的时间在教室里给自己的学生上课，而且还要花费同样多的时间备课（每一堂新课他大约要花费 25 个小时），但沃尔特仍然及时给他的每一个网络粉丝单独回信。“每个人都可能发现物理学是非常有趣的，”他说，“那是生活的一部分。”

沃尔特认为不管是谁，从他的讲座上能学到的最重要的东西应该是：“不要总是死死盯着方程式，而要通过方程式去看周围的世界。走出方程式，学习更充满乐趣。”

竞争不充分的领域才有英雄

万维钢

从 20 世纪后期到现在，还有哪些物理学家是你熟悉的？霍金吗？

事实是，现在活跃的物理学家的知名度，远远不能跟爱因斯坦那一代人相提并论。如果那一代物理学家是元帅和将军，这一代物理学家只能算连长和排长。

这当然有很多的原因。一个原因是，那一代物理学家都赶上了好时机，当时的物理学还是门年轻的学科，有很多“低垂的果实”，一个年轻人单打独斗都可以取得非凡的成就。而到今天，容易研究的问题都被研究完了，新的突破必须多人合作才能完成，投入大量的时间和金钱也未必见效。个人英雄主义的时代已经一去不复返了。

不过在我看来，还有一个原因也很重要，那就是现在会搞物理研究的人太多了。现在的物理学是一个充分竞争、充分交流的学科，这就意味着两点：第一，其中会有很多高手；第二，高手水平都差不多。

比如说，提出“希格斯机制”这个理论的英国物理学家彼得·希格斯，因为大型强子对撞机发现希格斯波色子的确存在，等于是验证了他的理论，从而获得诺贝尔物理学奖。那请问，希格斯是不是一位杰出的物理学天才，他的理论是不是独一无二呢？当然不是——事实上，1964年前后，至少有6个物理学家提出了相关的理论，他们的贡献是平等的。直到诺贝尔物理学奖宣布之前，人们都不能确定这个奖到底应该发给谁。

这跟过去是完全不同的局面。爱因斯坦发表狭义相对论，基本是他自己一个人的功劳，而且据说发表以后，全世界也只有2.5个人能理解他这个理论。

但是那个时代，总共也没有多少人搞物理。当时的物理学还是个相对“新兴”的学科，是极少数人玩的智力游戏，绝大多数国家的大学可能根本没有物理系。

“二战”末期，原子弹的威力让人们见识到了物理的厉害，各国都开始重视物理学了。到今天，几乎每个正规的大学都有自己的物理系，每个物理系都在教相对论。

狭义相对论根本就不是什么不可理解的理论，中国每年都能教出好几百个懂狭义相对论的人。

那你可能会说，“懂相对论”和“创立相对论”不能相提并论，爱因斯坦那一代物理学家搞的都是革命性的理论，想法都非常离奇，只有天才才能产生那样的想法。这是个不了解情况的说法。这一代物理学家思考的问题比那一代要难得多，他们的知识水平和思考深度都超越过去，而且他们也都在不断进行各种大胆尝试。所以这一代物理学家的水平并不差。但是没人知道他们的个性，没人记录他们的名言，没人打听他们的“风雅趣闻”，因为他们的人数实在太多了。今天，“科学家”只是一个普通的职业，有很多很多从业者。

而且现代的物理学家，也包括其他学科的科学家和各行各业的“牛人”，还有一个特点——现在的高手都没有什么个性化的、人无我有的“绝招”。像爱因斯坦那样，随便一出手就震惊天下的一招，别人一看简直匪夷所思，这种情况现在越来越不可能发生了。

这是因为现在是一个充分竞争、充分交流的时代。今天的物理学家非常喜欢四处拜访，开各种学术会议，论文直接上网，好想法非常容易传播出去，那你就很难搞什么“横空出世”。事实上，连“研究风格”这个词，现在都很少有人使用了。

因为只有竞争不充分的领域才有“风格”。比如现在我们看拳击比赛、格斗散打比赛，两个选手的打法都非常相似——为什么不是像电影里那样，一个用铁砂掌，一个用螳螂拳呢？

我理解，什么少林、武当、峨眉这些武林门派，既然一直流传到今天，历史上必定都是非常厉害的，他们的武功不是假的。但当时既然各个门派的打法非常不同，那就说明历史上这些门派之间缺乏有效的交流。可能功夫都秘不外传，可能不同门派的人很难见面，也可能一见面一动手就会死人，所以没办法总结经验。

如果武术门派之间充分交流，像现在的职业足球这样每周打一场联赛，那么不同打法很快就能分出高下，然后所有门派的人都会去学习最高级的那种打法。最后的结果就是所有人都使用同样的打法比赛。

足球就是这样。30 年以前，足球是一个有着明显差异的运动，比如英格兰爱打长传冲吊，南美洲足球则主打脚法细腻，有时候一个人盘带，

黎　青┆图

动不动就能过好几个人，还有什么“欧洲拉丁派”。但是今天我们看世界杯，这些风格就都不那么明显了。巴西队也追求快速推进，英格兰也不打长传冲吊了。

这就是充分竞争和充分交流的结果。过去各国球员还有身高的差异，现在实在不行还可以引进归化球员。而且球员还都在各个俱乐部流动——如果巴西国家队球员都在欧洲踢球，那他们踢的到底是巴西足球，还是欧洲足球？

这是一个没有英雄，也没有绝招的时代。韩非子有句话说："上古竞于道德，中世逐于智谋，当今争于气力。"

竞争越充分，个人风格和绝招就越没用。今天的球星想出头，靠的是天赋、科学训练、艰苦奋斗和运气——基本上就是在看谁比谁有"气力"。你说我能不能诗情画意、羽扇纶巾、姿态优雅地成为世界第一，门儿都没有。这是一个想在任何行业成为高手，都先得有体能的时代。

那么在这个时代，我们应该干什么呢？难道说只能在一个领域内模仿高手吗？也不是。

咱们想想手机。十年前的手机，各家品牌有各家的风格，外观千奇百怪，而今天的手机正面全都是一块黑屏。这就是竞争和交流带来的同质化。

从手机的故事里，我们大概得到两个教训。

第一，你应该尽可能去一个新兴的领域。领域不成熟，竞争不激烈，你就有更大的自由度。

第二，如果是一个成熟的领域，那你就得尊重这个领域的规律，不能随便标新立异。

如果一个圈子已经同质化，那么想要创新就得往圈外看——看谁能从圈外给这个圈子输入新的信息。

归根结底，我们知道大创新越来越难，小创新越来越不自由了。

相对论有什么用

冷　哲

在研发 GPS（全球卫星定位系统）卫星时，学者发现：根据爱因斯坦于 1905 年发表的狭义相对论，由于运动速度的关系，卫星上的原子钟每一天会比地面上的原子钟慢 7 微秒；而根据 1916 年发表的广义相对论，由于在重力场中不同位置的关系，卫星上的原子钟会比地面上的每天快 45 微秒。二者综合，GPS 卫星上的原子钟每天会比地面上的快 38 微秒。如果不对时间进行校准，定位位置将发生漂移，每天漂移距离约为 10 千米。

没有相对论，就没有全球卫星定位系统。

那么站在 1905 年或 1916 年，人们能够想象相对论有什么用吗？站在 1854 年，人们恐怕也无法想象黎曼几何能有什么用。即便在 1978 年的时候，美国研发 GPS 的目的也不过是给自己的导弹、核潜艇等进行定位。

于沁玉 ¦ 图

1983 年，大韩航空 007 号航班误入苏联领空被击落，时任美国总统里根宣布 GPS 将向民众开放，以防止类似悲剧再次发生。1989 年，第一颗新一代的 GPS 卫星发射成功，1994 年，24 颗 GPS 卫星全部入轨。我们今天开车必备的卫星导航，在 1905 年的时候连科幻小说作家都想象不出来。

今天当我们对着手机说“帮我找一家附近评价最高的川菜馆”的时候，这背后牵扯了多少纯理论呢？微积分、黎曼几何、复变函数、概率论、相对论、电学、光学、有机化学、无机化学……每一样理论，在其诞生之时，我们都想不到其对日常生活的作用。

总而言之，理科与工科是不同的。理科的目的在于探索这个世界的规律，而这些规律该如何得到应用，则是工科的事情。工科的主要工作就是用理科发现的理论、规律来解决人类社会中需要解决的问题（当然，工科在此过程中也发展出很多对世界规律的认识）。

理科成果的用处,极少会像工科那样明显。理科应该是超前于时代的。

正因为理科的研究总是艰难的、缓慢的，我们才应该坚持不懈地进行投入，不断拓展人类的认知边界。

如果工科在解决实际问题时发现理科的理论不能够支持，这时候才投钱到理科去研究相关问题，那么问题的解决恐怕就要往后拖延几十年，这将极大地阻碍人类社会的进步。

如果我们要用现有理论解决现有问题，那么就要保证理科研究领先于整个社会。

因此，今天最前沿的理科研究成果，其第一次应用往往在几十年甚至上百年之后，它的应用形式很可能是我们现在难以想象的。

时常有人质疑：世界上还有很多贫困的人，为什么不拿钱补助他们，而要搞一些目前看不到应用场景的科学理论研究？这是因为，提高生活

毕力格 ¦ 图

水平的主要力量是生产力水平的提高。如果我们今天仍然保持着一千年前的生产力水平，那么无论我们怎样扶贫，大家的生活都不会好过到哪里去。加强基础学科研究，即便暂时看不到应用场景，也是有利于整个社会的。

爱的相对论

辉姑娘

这位妻子是理论物理学的博士，成绩优异，毕业后在某大学任教。丈夫则是一家报社的社会新闻编辑。任谁来看，两人的事业和爱好都是风马牛不相及。

起初，我们都以为他们没有任何共同话题，相处起来会困难重重。

然而近 10 年过去了，他们依然婚姻幸福、琴瑟和谐，这不由得让人生出一丝好奇。

一次，我去他们家拜访，进了门才惊讶地发现，客厅里到处贴着画着图形的纸张，乱七八糟的。

丈夫坐在地毯上一边吃着苹果，一边津津有味地看着那些图画，看上去惬意极了。

我问那妻子这是什么，她热情地给我介绍："这个是我画的飞机星形发动机，那个是船舰弹药装填系统，还有用于控制时钟秒针运动的马耳他十字机芯，对了，这个椭圆规也很好玩……"

"你们夫妻俩在家就看这个？"我难以置信。

"对啊。"妻子笑起来，"男人不是都喜欢飞机、船舰、钟表之类的吗，我就选一些他感兴趣的部分，用比较有趣的画法画出来，再讲讲原理，他可喜欢了。"

"你可真不怕麻烦！"我光想想那画面，就忍不住龇牙咧嘴起来。

她笑道："我是最怕麻烦的人。可是仔细想想，是画这些画麻烦，还是夫妻关系冷淡后努力修复麻烦？"

我似有所悟。

再看墙上那些作品，哪里是"随便画画"？每一张都色彩鲜明，细致生动，显然是用了心，下了功夫的。

她请我坐下，又跑过去挽住丈夫的胳膊，亲热地说："老公，周末你喜欢在家里，还是去酒吧喝酒？"

丈夫不假思索："当然是在家里，和你聊天多舒服，一天感觉像过了一小时，好快。在酒吧里待一小时，吵得头都疼，感觉像过了一天。"

妻子笑眯了眼睛："老公，你是个天才，你刚才说的就是爱因斯坦的相对论啊。"

我们大笑起来。

军事发明趣闻

李忠东

蜻蜓——机翼

1956年，美国研究人员开发出一种新型的超音速战斗机。参加试飞的是一名经验丰富的空军飞行员。然而意想不到的是，当飞机在5000米的高空进行超音速飞行时，机翼突然发生颤振。结果这架性能良好的飞机裂成了碎片。研究人员迷惑不解，一直没有找到原因。

后来，还是蜻蜓给了他们启示。通过进一步的观察他们发现，蜻蜓的翅膀很薄，之所以在长距离的飞行中不会颤振折翅，在于它的“翅痣”起了作用。后来，设计师们把蜻蜓的“翅膀”应用到飞机和航天飞机的机翼上，再也没有发生因机翼颤振而引起的机毁人亡的惨祸了。

蜘蛛丝——防弹材料

蛛丝结实而富有弹性，延伸力很理想。它比任何的天然材料都要更坚固，不易断裂，韧度甚至超过了钢。蛛丝的“玻璃化转变温度”极低，只有在 -50℃ ~-60℃时才会呈“玻璃化”状态，开始变脆，而大部分聚合物的“玻璃化转变温度”仅在 -10℃左右。

英国军事技术专家受到启发，研制出如同蜘蛛丝一样的高强纤维。其极强的弹力能很好地缓冲子弹的外力冲击，可用来做防弹衣、防弹车、坦克装甲车等的结构材料。这种高强纤维在冰点以下的环境里仍然有良好的弹性，即使在重物骤然而至的袭击下照样有极佳的承受能力，因此能用来制作降落伞和其他的军事装备。

酒瓶——潜艇

莱克是一位爱动脑筋的美国青年。他在经过刻苦攻关之后于 1893 年研制出一艘形状古怪的小型潜艇。因为是靠压载物沉入海底，用轮子滚动在海底行进，所以这柜子形状的潜艇稳定性很不理想。虽然进行了多次改进，但效果不明显。

为了让紧张的神经得到松弛，莱克有一天邀几个朋友来到海滩野餐。酒醉饭饱之后，年轻人举行了扔酒瓶比赛。随着一阵阵的“扑通”声，被甩出的酒瓶一个个地沉入海底，然而，一个扔得最远的酒瓶却没有沉下去，而是在水面上伸着瓶颈摇晃。这是一个伙伴开玩笑，扔出去的酒瓶子里还装有半瓶酒。在朋友们看着这只左晃右荡的酒瓶发笑时，莱克却从这一偶然的现象中得到启示：如果能够使潜艇上部的浮力加大，它一定能够稳定而不沉没。当大家要惩罚那个违规的朋友时，莱克却激动地握着他的手，感谢他帮了自己的一个大忙。

莱克将“酒瓶不沉”的原理应用于潜艇设计上，发明了由耐压壳体和非耐压壳体构成的双壳体潜艇艇体，取得了巨大的成功。

积木——“万能枪”

随着军事科技的发展，枪械的种类越来越多。美国现代武器设计家斯通纳发现，这固然丰富了武器库，但不可避免地给生产、供应、训练和作战带来许多麻烦。为了解决这一矛盾，他一直在思考着：可不可以设计制造出一种基本的通用部件，能够因不同的需要组装成不同枪械的“万能枪”呢?

一天，他看到几个儿童在玩积木，不由得对这种游戏产生了浓厚的兴趣。这位科学家想象——如果新型枪械像堆积木那样，以一种枪的基本部件为基础，通过换用各种不同的枪管、枪柄和瞄准器等部件，不就能够组装成各种各样的枪吗?

斯通纳的思路变得越来越清晰明朗，于是，动手进行研制。在几年的艰苦努力之后，他成功地发明了一种新型积木式枪。这种命名为“斯通纳族枪”的“万能枪”可以在几分钟内相互组合改变,做到“一枪多变，多枪合一”，十分便利。

客机为什么不安装弹射座椅和降落伞

侯知健

几乎每一次客机失事造成重大伤亡，都会有人发出这样的疑问：为什么客机不给乘客配备降落伞呢？为什么客机不能装弹射座椅呢？

一

绝大多数人对弹射救生的期待，产生于军用飞机。影视作品中，常能见到飞行员弹射生还的场景。但实际上,这种技术有极强的应用局限性,根本不具备推广给客机的价值。

根据实际统计，各国被弹射的飞行员的脊柱骨折发生率在16%~37%之间。1978年至2000年期间,美国空军的弹射人数为362人,死亡率8%,重伤率20%，轻伤率62%——真正能不受伤的幸运儿，仅有10%。

对于相当高比例的人群，身高体重等生理因素决定了，他们在拉动弹射手柄的那刻就意味着死亡的到来。即使是身体条件符合要求，并受过相关训练的人，能否在弹射救生中免受伤害，很大程度上依然取决于运气。

2012 年，中国出口坦桑尼亚的 K-8 教练机在地面起飞的滑跑过程中出现异常，飞行员双双弹射。前舱飞行员死得相当凄惨，坠落方位在弹射点前方 94.6 米、右侧 10 米处，救生伞根本没打开，直接连人带椅砸穿了屋顶。

说实话，飞行员的选择简直莫名其妙。当时飞机的速度非常低，也没有全面起火等危险情况，完全可以紧急制动停下来。这架飞机的主要损伤是无人控制后撞了机头，简单修复以后继续交付使用。

这位坦桑尼亚飞行员死亡的原因只有一个：他忘记按自己的身高、体重来调节座椅高度了。该座椅当时的状态是火箭包的档位被设置在三档，椅盆位置处于上极限。按他的身高、体重计算，他使得座椅的偏心距状态（2.4 毫米 ~27.4 毫米）超出安全极限（10 毫米 ~35 毫米）7.6 毫米。

用简单的话来解释他的死因就是：由于火箭推力方向和重心的距离超标了不到 1 厘米，火箭一点燃，就推着座椅向前快速旋转；在旋转的过程中，稳定伞（稳定姿态、方向的辅助小伞）又牢牢地把人和座椅给缠住了。结果人、椅不能分离，救生伞（主伞）也打不开，以致飞行员活活摔死。

这不是中国弹射座椅才有的问题，早在前两年，F-35 不允许轻体重（62 千克及以下）飞行员驾驶的新闻就一度引起关注。其装备的马丁 - 贝克的 MK-16E 弹射座椅，在 A 型（装备 EF2000）基础上减重 10.6 千克以后，飞行员体重差异对人、椅重心范围带来的影响变大了；弹出去以后，人、椅组合的翻滚速度会大大超出安全范围，非常有可能导致开伞的瞬间对颈椎造成严重的伤害而致残、致死。

二

所有的弹射座椅，其设计都是针对军事空勤人员的。即使是身高、体重被严格限制的群体，弹射座椅也只能适应其中 90% 的人。

太高、太矮、太轻、太重……都会导致人、椅系统失去飞行稳定性，进而丧失救生能力。即使是各方面都非常优秀的飞行员，也并不一定就能在弹射中安然无恙。

曾将空中解体、犹如残骸的苏 -27 原型机安全降落的萨多夫尼科夫，就在拥有弹射经历的情况下，在 1988 年 9 月 28 日的 T10K-1（苏 -33 原型机）飞控故障坠毁事故中脊柱严重受伤，没过多久就去世了。

很多人都以为，弹射座椅是靠火箭动力飞出座舱的。其实，所有的现役弹射座椅都是两级动力设计：先靠高能火药弹驱动的弹射筒把座椅弹出座舱，随后才启动火箭进一步推动座椅远离飞机。

设置这么复杂的唯一原因，就是第一级加速的冲击过载（从头到屁股方向）已经达到 18~20 倍重力、持续 0.2 秒，接近人体脊椎、特别是颈椎的极限了，推力再猛就会高概率当场致死致残。

救生伞打开的时候稍微好一点，但也会达到 14~16 倍重力、持续 0.2~0.3 秒。

在这个过程中，人要避免受伤，还要保证姿势和动作的正确，才能让脊椎处于最能承受冲击，肌肉最大程度帮助脊椎分担受力的理想条件。

但实际事故中，大量弹射和开伞都是在飞机失控、翻滚中进行的，根本做不到身体正直、紧贴靠背、头靠座椅一类的要求。

退一万步讲，假设真能造出安装弹射救生设备的客机，又能怎样呢？其结果非常明显：客机的整体安全性会严重下降，旅客乘坐的舒适性和灵活性将荡然无存，机票费用会暴涨到天价——进而导致新型客机被彻底抵制，在市场上完全失败。

这一切，都是弹射座椅的技术要求所决定的。

弹射座椅的工作流程中，弹射、加速、开伞，诸多环节都是依靠高能火药完成的。一个座椅上下都是弹射弹、椅背火箭、两向推力火箭包、风向展开火箭、射伞枪、破盖枪、双向传爆机构等足以致命的危险品。

再怎么设计，弹射需要的动作和能量指标都无法改变，火工品数量和总的火药用量不可能减少。毫不夸张地说，每一个弹射座椅上都带着好几个炸弹——总能量足够连人带椅推出 100 米远。

一架客机，如波音 737 或者空客 A320，一般可运载一百五六十人；即使是打个对折，按七八十人计算，这架飞机上也会多出至少三四百个大大小小的炸弹。哪怕是炸一个，或者意外点燃一个，都足以造成灾难性的后果。

而且，多次发生的空中恐怖事件，也让人必须正视这样一个问题：一定会有恐怖分子，把主意打到这些座椅自带的火工品上。

而受限于工作方式，威力最大的主火箭根本不可能被牢固地掩藏——这就有太多的办法把它点燃甚至引爆了。

这种设计本身带来的额外风险，已经远远超过现代客机的失事风险。

三

不具备足够行为能力、足够身体素质的乘客将完全失去搭乘资格。能够搭乘的乘客，必须提前递交身高、体重资料，以便航空公司提前对座位——包括火箭挡位、椅盆高度等因素进行设定，接受弹射姿态训练的详细培训，且乘客之间禁止互相交换座位。

客机经济舱座椅的舒适性已经够差了，弹射座椅的舒适性就更差了——至少绝不允许乘客在中途自由变动靠背的角度。而且，弹射座椅确保安全的必需措施，就是在紧急状态下对人体的有效束缚——要保证这一点，乘客的肩部、腰部、腿部，都必须与座椅完全连接。

仅仅有束缚是不够的，乘客还必须从头到脚都配备防护装备，它们包括：

头盔——起到三重作用，即防止外物撞击；阻挡高速气流吹伤眼睛，顺着鼻孔和嘴对呼吸道、肺部和肠胃造成严重伤害；减弱弹射座椅各个火工品工作时的爆轰冲击波和噪声伤害。

氧气面罩——防止人弹射过程中因为高空缺氧而导致的严重损伤。

阻燃材料制成的飞行服——相较于战斗机，弹射座椅的火箭尾焰灼烧客机座舱内部的情况将会更加严重。

四

弹射救生，座椅肯定需要一个飞出机身的无障碍通道，这就要在机身上开一个很大的洞。

飞机上的每一个大开口，都会对机身结构的强度（不易破坏）和刚度（不易变形）造成巨大的破坏。所以需要围绕着这个口子，对承力结构进行额外的补偿——这就意味着巨大的重量，以及设计和制造成本。

轻型教练机用的轻量版弹射座椅，比如马丁－贝克 MK-16L，单个重量也在 47.6 千克，性能倒是刚刚够喷气客机用。座椅更重的同时，客机的地板还要强化，以应对弹射的冲击。

要满足给飞机上的人都装上弹射座椅，就意味着一架波音737或者A320级别的客机，至少要在机身表面的承力结构上开七八十个大洞，地板还要被空前强化。

以现在的工程技术，一定要做，也未必做不出来。只是额外的结构补强重量，会把飞机底部货舱的货运重量指标占用殆尽，而这原本是航空公司重要的盈利部分。

为了避免弹射座椅之间的互相干扰和冲撞、烧伤，乘客之间必须拉大间隔。乘客数量要继续减少——这意味着飞机运行成本的提高，反而得由更少的乘客来分担。

设计制造、燃油消耗带来的成本上升，在票价上升的因素比重中，大概连一半都占不到，最关键的是弹射座椅的检查、维护、保养成本。比如爆炸品的检查、更高的库房设计建造标准、严苛的周边规划，以及日常管理维护，都意味着巨额的开支。相关人员需要更高的资质，更高的工资和福利。这些因素叠加在一起，机票的价格必然要暴涨。

五

关于客机救生的问题，还有人质问，为什么不给乘客配备降落伞呢？

这个问题比弹射座椅靠谱得多，历史上既有通过舱门跳伞逃跑的客机劫机犯——比如大名鼎鼎的库伯；也有毁灭性试验中的试飞员——波音727撞击沙漠研究坠机，飞行员中途跳伞离机。但必须要强调的是，这些跳伞，都是发生在客机飞行可控的平稳状态下。

假设允许各个舱门在飞行中打开，在现代客机的空难中，超过90%的事故都出现在起飞和降落阶段，高度通常非常低。

在这类情况下跳伞，就算是老早站在打开的舱门边上跳，留给人的反应时间也非常短。不是专业的跳伞运动员或者资深爱好者，跳下去通常也是凶多吉少。

跳伞是一种复杂的技能——生活不是游戏，不能捡起装备就自动获得技能。而且必须强调的是，现在普遍采用下单翼吊舱布局的客机，从前门跳伞就是自寻死路——被吸进发动机、撞上机翼的概率太高了；从中间或者后面的应急门跳，被卷进发动机喷流的概率也很大，结果也是九死一生。

让一架客机动辄 100 多人安全离机是不可能的，而且如果所有人都往机尾应急门方向移动，会对飞机的重心造成严重的影响。此时，飞行员的操纵会变得过度敏感——重心后移导致飞机稳定性下降，最终加剧飞机失控的程度。

很多人谈及空难就会想到无一生还的坠毁事故，实际上在大量事故中，飞机往往能够成功或者半成功迫降，大部分甚至全部人都能得以生还。这其中，机上的乘客保持相对良好的秩序，飞机重心得以平稳不变，使飞行员仍然能尽力掌控飞机，乘客在安全带的保护下做好防冲击准备，是能够幸存下来的关键。

猫、牛奶和流体力学

陶　杰

美国普林斯顿大学、麻省理工学院、弗吉尼亚理工学院合作实施一项计划,研究了三年半。研究什么？研究猫俯身伸舌头喝碟子里的牛奶时，为什么从来不会弄湿下巴的毛。

三所大学的流体力学家和数学家在想这个问题。原来早在1941年，美国的科学家就发现猫喝奶时，伸出的舌头像一个反转过来的字母J。也就是说，舌尖向下卷，把奶很快地捞进嘴巴。

自从发明了高速电子摄影，他们发现猫喝奶的技巧复杂而精妙。猫的舌尖很巧妙地只触及奶的表面，像龙卷风一样，先把奶液向下推，再利用地心引力的反作用力，把奶液像真空管一样吸起来形成一个圆筒形，电光石火之间，送进口腔。

猫的舌头一秒钟可高速舔 4 次，每次喝进 0.1 毫升。科学家把猫喝奶的纪录片细看，看了三年半，终于算出了猫舌出击的速度和每次卷舌头的频率之间的一个方程式。

再计算猫舌的面积，加进去，就算出了一个叫“佛罗德函数”的新东西——一只猫每伸一次舌头舔进多少奶，与猫舌面积和伸缩速度的关系。物理学家在前面看片、记录，数学家压阵分析数据，推导出了一个天衣无缝的流体力学新公式。

为什么有此发现？全因为一个叫史托克的流体力学家。一次，他在家里的厨房喂他的宠物猫喝奶，他抚摸着它，欣赏它的美态，忽然兴起研究猫喝奶的念头，像牛顿头上掉下了一只苹果，他无意中发现了神迹。

这是一项研究，也是一种激情，来自对生命的好奇和热爱，对动物的欣赏和呵护。

另类武器

牛宝成

在千百年来的战争中，人类用自己的聪明才智，创造了今天庞大的兵器王国。其中既有循规蹈矩的常规兵器,也有数不清的“非常规”兵器。应当承认，无论哪种兵器都在人类战争中扮演过重要的角色。然而，令人啼笑皆非的是，有时一些别出心裁的“非常规”兵器，由于太过另类，扮演的常常是一个贻笑大方的“小丑”角色。

画蛇添足的狗粪探测器

越南战争后期，美国完全陷入战争泥潭而不能自拔。面对四处出击的越南游击队，苦恼的美军终于想出了一个“好点子”，决定在“胡志明小道”上用电子侦察的方法对付神出鬼没的游击队，为此，美军得意地将这个计划称为“白色冰屋”。该计划的执行方式是将各种型号的声音、电子、震动及化学探测器通过空投的方式投到胡志明小道上，以便自动监视越南游击队的行动。为了达到隐蔽的效果，那些投到丛林中的探测器也经过了精心的伪装，它们往往被伪装成树枝、枯干、小草、雀巢等模样，这些探测器也确实发挥了应有的作用，如美军的一个监听站有一次还监听到了“越共”男兵向女兵求爱的谈话。然而，由于当时的伪装手段比较落后，如树枝探测器只能投到树林里，一旦靠近公路就会被发现。于是聪明的美国人经过一段时间的认真研究之后，设计出了一种自以为聪明绝顶的伪装新方法，他们将位于道路上的探测器装扮成“狗粪”，以达到出其不意的侦察目的。然而，狗粪探测器投入战场后，犹如泥牛入海，没有收回任何有价值的情报。相反，在此后的行动中，美军的小分队行动却处处受制于游击队。这是怎么回事？原来，当时的胡志明小道因多年的战争，当地的生活条件极差，所有的狗早已被当做美味吃光了，在没有狗的地方丢狗粪，美国人不露馅才怪呢！聪明的越南人则利用美军的狗粪探测器，制造了许多假情报。所以，“聪明”的美国大兵就按照越南游击队的指挥，一次次地钻进了游击队的伏击圈。

出师未捷身先死的“脸盆”战舰

19世纪后期，装甲战舰已成为海战的主角，如何提高新型战舰的作战威力便成了各国军事家们的挠头事。于是一些稀奇古怪的装甲舰便出现了。沙俄海军中将保罗倡议建造的“诺夫格罗德”号战舰就是极具代表性的一种。按照当时装甲战舰的设计思路，必须是在一艘战舰有限火炮数量的基础上，拥有较大的射击角度，以使舰炮火力覆盖面更广。于是聪明的俄罗斯人率先设计出了一种可以转动的圆形炮塔，后来也按照这个思路将船身设计为圆形，在保罗的极力倡议下，沙皇批准了这个建造圆形战舰的被称为“波波夫斯基”的计划。1874年，这艘奇特的圆形炮舰完工，从外形看来令人相当满意。试航时却发现了问题，由于阻力太大，“脸盆”战舰的航速很低，更为糟糕的是战舰没有方向性，在水中就像脸盆一样随意地转悠，而在长时间的随意转动中，所有船员都处于一种神志不清的状态，战斗力也就可想而知了。结果在这次试航后，这艘战舰一炮未放，就再也没有航行过。通过苦思冥想而得到的“脸盆”战舰只能停泊在港口里被当成炮塔或仓库使用，直到第二次世界大战前被拆解。

稀奇古怪的“滚动武器”

第二次世界大战中，盟军的登陆作战成为这次大战的主要作战方式，而如何实施成功的登陆行动就成了一个大问题。按照第一次世界大战的经验及当时的登陆作战理论，若想取得登陆作战行动的成功，登陆一方必须保证有某种强有力的新式武器威慑守方，而让守方的军队惧怕。在这种思路的引导下，一种稀奇古怪的“滚动武器”便诞生了。首先是美国人研制的滚动武器，设计思路是由飞机投下直径数米、向前滚动的带有利刺的爆炸性大铁球。但经过认真研究后，一个可怕的问题出现了，那就是如何能够保证大铁球朝着敌人的方向滚动。众所周知，登陆作战行动中，守方所处的地势通常较高，而攻方的地势较低，正常情况下，大铁球注定是要向低处滚动的，这不是自炸自毁吗？所以，精明的美国人最后还是“忍痛割爱”，放弃了这种异想天开的滚动武器。在美国人失败的同时，英国人的胆子更大，设计思路也更独特。他们研制的是一种依靠火箭做动力的滚动车轮。设计者将火箭固定在车轮上，以避免美国人的“滚动武器”向低处滚的问题。但是，想让车轮在无人控制的情况下向着敌人的方向准确地前进，简直是天方夜谭。试验中，这种火箭车轮一启动就倒，随后便是火箭横飞，在自己的阵地上就乱成一团，别说去对付敌人了。于是英国人研究的火箭车轮也就在一阵阵搞笑声中草草收场了。

我们为什么需要北斗

月落乌堤

2020年6月23日9时43分，西昌卫星发射中心，由中国自主研制的“长征三号乙”运载火箭，成功发射第55颗北斗导航卫星，这也是“北斗三号”组网部署的最后一颗卫星。卫星发射成功后，北斗全球定位系统组网卫星部署圆满收官。

一次偶然的发现

1957年10月4日，人类历史上第一颗人造地球卫星在苏联发射成功，标志着人类迈出太空探索的第一步。

这引起美国的极大震动。在美国马里兰州的约翰斯·霍普金斯大学，在由美国政府组建的物理实验室中，两名科学家对这颗卫星展开了连续的跟踪和监控。在对卫星的无线电发报机信号的追踪过程中，他们发现了一个苏联人忽略的物理现象——多普勒频移。根据多普勒频移，可以确定卫星的实时位置。

不久之后，美国向外界公布了苏联卫星的运行轨道。这一数据，作为卫星设计及发射的国家，苏联也未能精确计算出来。

1958年2月1日,美国在匆忙中将自己的第一颗人造卫星“探险者1号”发射升空,并在“探险者1号”卫星上,增加了一个无线电信号功能:导航。

1958年3月，一项“公交导航系统”的实验性项目，在物理实验室开展起来。原理就是既然通过地球上固定的点，可以计算出卫星的轨道、速度及方位，那么通过卫星，也可以计算出地球上某一个信标的轨道、速度及方位。

没有人能想到，全球定位系统竟发轫于美国对苏联卫星的监控。

1968年，美国军方的第一代卫星导航系统正式投入使用，这个名为国防导航卫星系统的项目，成为美国乃至全球卫星导航方面第一次伟大的尝试，这一尝试，拉开卫星定位及导航的序幕。

1973年，美国国防部召开了一次由12名（军方）各部门人员参加的内部会议，在五角大楼正式提出组建一个全球性的卫星导航系统，为方便引用及推广，又将之称为全球定位系统GPS（GlobalPositioningSystem）。这是美国航空航天史上，继阿波罗计划、航天飞机计划之后，第三大空间探测及应用计划，它持续、深刻地影响着世界。

一项伟大的发明

GPS是一项伟大的发明，它真正地让地球上所有事物之间有了准确的联系信息，让每一个静止的或者移动的物体，有了可以被捕获的方式及手段，并能与其他信号源产生联系，甚至共享实时数据。

但是，GPS 在设计之初只是为军方服务的，直到 1973 年 9 月才由美国国会批准，改为“军民两用”性质。

民用信号为 SPS，这一信号可供公众自由使用。由于 GPS 诞生的特殊背景，美国保留限制 GPS 信号强度，甚至关闭 GPS 信号的权力。GPS 对提供给非军事用户的信号精度上，进行了一定的限制，在这一公开信号中，美国加入了 SA 码的干扰源，以降低 GPS 功能的精度。

2000 年 4 月 28 日，克林顿政府签署命令，解除对 SPS 的 SA 码干扰，使 SPS 的精度，从之前的 100~300 米，直接提升到 1~20 米，人们自此得以真正享受到 GPS 带来的便利。

军用信号为 PPS，这一信号，只有获得授权的使用者具备解码设备、密码及特殊信号接收机才能使用。PPS 信号是整个 GPS 系统中最优质的部分，它能达到厘米级定位。为了保障 PPS 信号不被干扰，美国对 GPS 系统加入反电子欺骗技术，通过对 PPS 信号进行加密处理，防止 PPS 信号被电子干扰和非特许用户对精码进行解码。

中国人警醒

20 世纪 90 年代初，海湾战争爆发，这场战争广泛使用了当时最先进的武器装备。战争表明，掌握电磁空间的控制权，对取得战争胜利具有重大意义。

GPS 在战争中的作用，进一步刺激了中国的科学家。

1983 年 9 月 1 日，一架大韩航空客机从纽约起飞，在经过苏联边境时，偏离航线，误入苏联的禁飞区。苏联在发出警告没有收到回应的情况下，将其击落，269 人无一生还。

之后，里根总统签署总统令，开放发展了10年的GPS系统供民用。这对地球上每一个有志于研究卫星定位导航的国家来说，既是机遇，又是挑战。

这一年，北京跟踪与通信技术研究所所长、国家“两弹一星”科学家陈芳允提出一个有别于GPS系统的定位理论——双星定位通信系统，即通过两颗地球静止轨道卫星，实现区域性快速导航定位并兼有通信功能的定位方式。

1985年4月15日，GPS全球定位系统国际运用研讨会在华盛顿召开，中国受邀参加，出席本次会议的是后来成为解放军少将的卜庆君。会上，美国向所有与会者表明立场：“在特殊情况下，为了保证国家安全，军方会采取三种措施应对紧急状况：第一，降低对方的导航精度；第二，随时变换编码；第三，进行区域性管理。”也就是说，美国对GPS系统有绝对的控制力。

会议结束，卜庆君回到北京，写了一份报告，阐述了两个重要观点：一要跟踪、研究、应用GPS；二要着手建立中国自己的卫星定位系统。

1986年，是中国现代科学发展史上最为重要的一个年份，就在这一年，形成了共和国历史上规模最为庞大的一个科研产业化计划——“863计划”。同时，“双星快速定位通信系统”技术方案形成。

但是，由于国内与国际时局的变化，这一项目被推迟了。

首先，反对者们认为美国有GPS，俄罗斯有格洛纳斯，中国没必要发展卫星导航系统，与他们合作就可以了。

其次，这是一个烧钱的项目。GPS到第二代组网完成，前后投资高达300亿美元。而格洛纳斯更是因为资金原因，一度停止更新卫星，只能提供区域性服务，在最为窘迫的时候，甚至不能维持基本所需。那么，中国的导航系统又要花多少钱呢?

第三，欧洲也在独立开发导航系统，完全可以选择与他们合作开发，分担风险和资金压力。

国际事件的刺痛

“银河号事件”是第一件刺激中国人的事情。

1993 年 7 月 23 日，美国单方面宣称，驶往伊朗阿巴斯港的“银河号”中国货船载有制造化学武器的化学品，要求中国政府立即采取禁止措施，否则美国将按照其国内法制裁中国。在国际贸易中，货轮代表的是发出国，所载货物代表的是发出国与发往国的贸易主权。

8 月 1 日起，美方派遣在附近巡游的航空母舰战斗群的驱逐舰、飞机对“银河号”近距离跟踪和低空侦察、拍照。

随后，美国将“银河号”的 GPS 信号中断，“银河号”被迫在公海漂泊长达 22 天。

1994 年 1 月 10 日，国家批准“北斗一号”工程立项，北斗终于在提出设想 10 余年后得以立项。立项后，紧随而来的危机，加快了北斗的研发步伐。

2001 年 4 月 1 日，一起震惊中外的事件发生，这就是“南海撞机事件”。

当天早上，中国在发现美国一架侦察机飞抵中国海南岛东南海域上空执行侦察任务后，派出两架歼 -8 Ⅱ歼击机进行合法监视并喊话。9 时 7 分，在海南岛东南 104 千米处，美国军机突然转向，其左翼同王伟驾驶的战斗机相撞，撞击造成我方飞机坠毁，驾驶员王伟少校跳伞。王伟跳伞后，中国调动了超过 10 万人次进行了连续 10 多天的搜寻，最终没有找到。

反观 1999 年 3 月 27 日，南联盟击落美国 F-117 隐形轰炸机，飞行员泽尔科跳伞后，在南联盟首都贝尔格莱德附近 40 千米的农田里被救走。前来营救的，仅仅是一架美军 A-10 攻击机与 3 架 MH-60G 直升机，他们就是依靠 GPS 定位导航系统，精确地将泽尔科找到并救出。

走出第一步

2000 年 10 月 31 日，北斗导航卫星 01 星发射；2000 年 12 月 21 日，北斗导航卫星 02 星发射。从“双星定位通信系统”转变而来的北斗系统，终于初现雏形。这是北斗走出的第一步，“北斗一号”开始初步实施组网并提供服务。

“北斗一号”的成功发射，使我国成为继美、俄之后第三个拥有自主卫星导航系统的国家。

2004 年 8 月 31 号，“北斗二号”正式立项，“北斗二号”并不是“北斗一号”的延续，而是全新设计的导航系统，为此专门向国际电信联盟申请了专属频段。

从 2015 年 3 月 30 日首颗“北斗三号”试验卫星入轨，到 2020 年 6 月 23 日第 55 颗北斗导航卫星成功发射，“北斗三号”全球卫星导航系统星座部署全面完成。

“北斗三号”提供的服务，在全球范围内，定位精度优于 10 米，测速精度优于 0.2 米 / 秒，授时精度优于 20 纳秒；在亚太地区，定位精度优于 5 米，测速精度优于 0.1 米 / 秒，授时精度优于 10 纳秒。

从 1994 年立项，2000 年首星入轨，到 2020 年组网完成，中国在 20 年的时间里，发射了 59 颗北斗系统卫星，这在世界卫星发射史上都是罕见的。

过了九九八十一难

“一次次被逼到绝境，又一次次爬起来。”这句话是总设计师杨慧接受采访时说的。这句话，也是对北斗系统最真实的反映。

首先，频段方面，根据国际电信联盟的规则，卫星运行的轨道和信号频率在使用前必须提前申请，必须在申请通过后的 7 年内完成卫星发射入轨和信号接收，否则相关资源会被回收，且有“先申请，先获得；先发射，先占有”的规定。

2000 年 4 月 18 日，中国申请的频段获得通过。这意味着在接下来的 7 年里，卫星必须发射升空并传回可接收的信号。

留给中国人的时间不多了，在“北斗一号”第三颗卫星发射成功，开始提供服务之后，中国选择与欧盟合作，共同推进欧洲版的 GPS——伽利略计划。

根据预估，伽利略计划的资金投入为 33 亿欧元，中国应该出资约 2.3 亿欧元。钱付了，但中国的工作人员连伽利略计划的核心内容都不能接触。

2006 年年中，为伽利略系统注资的政府社会资本共同体瓦解，欧盟委员会决定将伽利略系统国有化。随着欧盟委员会将伽利略计划收归国有，出于对欧美关系以及对安全与技术独立的考量，中国被踢出伽利略计划，中国之前的投资也没有得到任何回报。

2006 年 12 月，中国重启被耽搁的北斗系统，并抢在欧盟之前，率先在 2007 年先后发射了“北斗一号”的最后一颗接续卫星和“北斗二号”首星。“北斗二号”首星的发射时间是 2007 年 4 月 14 日，从变轨到入轨到定点，已经是 4 月 16 日晚 8 时。监控大厅接收到从两万千米外的太空传回的信号并成功解析，此时距向国际电信联盟申请的频段失效仅剩 4 个小时。

借此，中国获得了国际电信联盟划分给中国的“北斗二号”系统的频段，这部分频段，正是与伽利略计划频段重叠的部分黄金优质频段。

绝境不止一次

发射“北斗一号”时,中国采用的授时原子钟是从瑞士进口的。当时,仅美国、俄罗斯和欧盟(仅瑞士)有原子钟。美国不可能出口原子钟给中国,俄罗斯自顾不暇，那么，中国的授时原子钟，只能向欧洲求助。

“北斗二号”立项后，中国试图继续从瑞士进口原子钟，结果瑞士不予出口。原因是“北斗一号”采用的是有源定位，只能民用，军用价值不大,而且“北斗一号”的实验意义更大。但“北斗二号”改为无源定位,这意味着跟 GPS 一样，是军民两用的产品。瑞士作为《瓦森纳协定》的缔约方之一，绝不可能出口高精尖产品给中国，用于可能军用的产品。

当时，中国在卫星搭载授时原子钟方面，技术几乎为空白。

用了整整两年时间，中国航天科工集团二院 203 所便突破了铷原子钟技术；之后，上海天文台自主研发了星载氢原子钟。也就是说，中国不同的部门，自主研发了不同的星载原子钟，而且精度比从欧盟进口的还要高。

北斗的突破，其实不只是单个器件的突破，还是整个系统和整个系统之下的产业链，甚至包括运载火箭的突破。

“北斗三号”卫星的使用寿命,从“北斗二号”的 8 年增至 10 年以上，其部件全部实现国产化，其中被限制进口的原子钟，性能更是得到极大的提升，精度已经达到 1000 万年差 1 秒，并且还有两套不同类型的原子钟可供选择。运力方面,2017 年年底发射 1 箭 2 星,2018 年发射 9 箭 17 星,2019 年发射 6 箭 8 星，2020 年发射 3 箭 3 星……不到 3 年时间，30 颗卫星发射升空，完成组网。

浩瀚星空，北斗指路。古人借助北斗七星找寻方位和星座，而今，借助北斗系统，我们踏上星辰大海的征途。

姆潘巴的物理问题

孔令真

夏天，有不少同学喜欢做冷饮吃。你不妨试一下，把一杯热牛奶和一杯冷牛奶同时放入冰箱，看一看，哪一杯先结冰？结果会让你大吃一惊的。

那是在 1963 年，坦桑尼亚的马干巴中学三年级的学生姆潘巴经常与同学们一起做冷饮吃，他们总是先把鲜牛奶煮沸，加入糖，等冷却后倒入冰格中，放进冰箱的冷冻室内冷冻。因为学校里做冷饮的同学多，所以冷冻室的空间一直比较紧张。有一天，当姆潘巴来做冷饮时，冰箱冷冻室内放冰格的空位已经所剩无几了，姆潘巴急急忙忙把牛奶煮沸，放入糖，等不得冷却，立即把滚烫的牛奶倒入冰格里，送入冰箱的冷冻室内。过了一个半小时后，姆潘巴发现他的热牛奶已经结成冰，而其他同学的冷牛奶还是很稠的液体，没有结冰，这个现象使姆潘巴惊愕不已！

他去请教物理老师，为什么热牛奶反而比冷牛奶先冻结？老师的回答是："你一定弄错了，这样的事是不可能发生的。"后来姆潘巴进了伊林加的姆克瓦高中，他向物理老师请教："为什么热牛奶和冷牛奶同时放进冰箱，热牛奶先冻结？"老师的回答是："我所能给你的回答是：你肯定弄错了。"当他继续提出问题与老师辩论时，老师讥讽地称之为"姆潘巴的物理问题"。姆潘巴想不通，但又不敢顶撞老师。一个极好的机会终于来了，达累斯萨拉姆大学物理系主任奥斯波恩博士访问该校，做完学术报告后回答同学的问题。姆潘巴鼓足勇气向他提出问题："如果你取两个相同的容器，放入等容积的水，一个处于 35℃，另一个处于 100℃，把它们同时放入冰箱，100℃的水先结冰，为什么？"奥斯波恩博士的回答是："我不知道，不过我保证在回到达累斯萨拉姆之后亲自做这个实验。"结果他和他的助手做了这个实验，证明姆潘巴说的现象属实！这究竟是怎么一回事？

发表在 1969 年英国《物理教师》杂志上的由姆潘巴和奥斯波恩两人撰写的一篇文章中做了第一次尝试性解释，他们的结论是：冷却主要在于液体表面，冷却速度决定于液体表面的温度而不是它的整体的平均温度，液体内部的对流使得液面维持的温度比液体内温度高，即使两杯液体冷却到相同的平均温度，原来热的系统的热量损失仍要比原来冷的系统来得多，液体在结冰之前必须经过一系列的过渡温度，所以用单一的温度来描述系统显然是不够的，还要取决于初始条件的温度梯度。

后来许多人在这方面进行了大量的研究，发现这个看来似乎简单的问题，实际上要比我们设想的复杂得多，它不但涉及物理上的原因，而且还涉及微生物作为结晶中心的生物作用问题。

虽然许多人从观察到的现象进行分析，得出了一些结论和解释，但要真正解开"姆潘巴问题"之谜，对其做出全面而令人满意的结论，还有待进一步探索。.

气 泡

德特佛·卢瑟

毛贻军 译

只要是液体，就能产生泡沫，沸腾的水、打开瓶盖的香槟……每天都有无数气泡在我们身边产生和破灭。哪怕最单纯的气泡也是非常迷人的。它们的形成、震荡，以及它们的破裂，都有大量的秘密值得探究。

气泡形成的奥秘

水沸腾时会产生气泡，这是我们最熟悉的气泡自然形成的现象之一，在物理学上称为“空穴现象”，或者说“成核现象”。当液体的蒸气压不低于外界气压时，液体内部就会产生气泡。而液体的蒸气压跟液体的温度有关，例如水的温度为100℃时，蒸气压为1个大气压，所以这时水就开始产生气泡；而当水的温度只有 20℃时，它的蒸气压就只有 0.023 个大气压，这样当外界大气压也降到 0.023 个大气压时，水才会自动产生气泡。

上浮的气泡

我们常常能看到一个气泡从水底上升。一般会以为，这样一个气泡在水里一定会垂直上浮，因为它受到浮力的作用，与重力方向相反。但事实上，当气泡的半径大于约 0.8 毫米的时候，它是螺旋状曲折上浮的。

达·芬奇很早就观察到了这个现象，甚至画了一个气泡螺旋上浮的图。人们在自然界以及技术操作中也观察到了这个现象，但是目前我们仍然没有彻底了解这个现象产生的原因。这个问题之所以难解，原因是多方面的，例如气泡和它上升时所产生的尾迹的相互作用，气泡不稳定的外形，以及即使在纯净水里也无法避免粘有杂质的外表面，这些因素都使得问题变得复杂化。

气泡演奏的音乐

如果有恰当的时机，还能欣赏到气泡演奏的音乐。当气泡周围的气压发生震荡时，由于气体具有可压缩性，气泡自身也会随之发生震荡。这时，它的行为就像一根能够产生共振的弹簧，发出响声。

不过，要欣赏气泡演奏的音乐，可能要吃点苦头，就是在下雨的时候，潜入露天游泳池的水下。当雨滴打击水面时，就会向水中挤入一个气泡。在这个挤入的过程当中，就会对气泡产生一个压力脉冲，就好像猛然挤压了一根弹簧。这个气泡也就随之发生震荡。由于雨滴在水池里面撞击产生的气泡，其典型半径为 0.2 毫米，可以算出这样的气泡的共振频率为 15 千赫，这个频率的声波正好是我们的耳朵可以听见的，而且还是很悦耳的高音呢!

当然，当雨滴太大或太小时，可能就不会在水里产生合适的气泡，那我们就听不到相应的音乐了。看来，要想听到奇幻的气泡音乐，可能还得多试几次。

气泡的破坏力

当然，气泡也不是在任何时候都像音乐那么美妙。在第一次世界大战的时候，英国皇家海军聘请了著名的物理学家瑞利爵士，希望他能够研究一下为什么快艇和潜水艇的螺旋桨非常容易损坏。瑞利证实了早先的一个猜想：损坏金属螺旋桨的元凶就是螺旋桨在水里推进时所产生的气泡，这种现象现在被称为“空穴损伤”。当螺旋桨高速旋转时，叶片附近的气压会降低到低于水的蒸汽压,这样就在水中产生气泡。气泡破裂时，其剧烈程度足以对螺旋桨产生损伤。再加上气泡破裂过程中，气泡里面的气体能够被加热，同时还能够发射声波，这些因素综合起来，就损坏了螺旋桨。

一直到今天，空穴损伤仍然是限制人类提高船速的主要原因，因为在螺旋桨高速旋转时，不可避免地会在水中产生气泡。所以现在人们要提高船速，一个思路是巧妙地设计螺旋桨，使得气泡产生时离螺旋桨叶片比较远，从而不对螺旋桨构成危害；另一个思路就是干脆不用螺旋桨，而使用其他新颖的推进方式。

不过对于一种虾类来说，空穴损伤的机制却非常有用，因为它正是利用这种物理机制来把自己的猎物打晕，以便捕杀。这种虾有一个很明显的特征：拥有一对巨大的前爪，能够迅速地合拢，相互敲击，从而发出很大的爆裂声。运用高速摄像机和同步的录音机，能够发现当虾的前爪合并时，喷射出一股薄的水流。这股水流的流速特别高，能产生一连串气泡。然后这些气泡破裂，以冲击波的形式发出声波，正是这种声波对它要捕食的猎物产生了致命的打击。气泡破裂所发出的声波频率范围很宽，这种虾又总是大群大群地生活在一起，所以在它们出现的海域，会产生巨大的噪音。这种噪音一方面会妨碍潜水艇的水底通讯，另一方面也方便敌方的潜水艇隐身于虾群之中，所以对于海军来说，这种虾绝对是不受欢迎的。

我们能用气泡做什么?

当然并非只有虾会利用气泡破裂的威力，人类也已经学会了利用它。

最常见的应用就是我们在眼镜店里能够看到的超声波清洗技术。

它的工作原理是把一个能够发出超声波的喇叭放置在水里，超声波使得眼镜的表面产生气泡，气泡破裂的威力就足以把眼镜上面的污垢震裂下来。类似的超声波清洗原理也应用在更加大型的工业场合,而在将来，超声波洗衣机可能也会在市场上出现。

在医学上，有所谓的碎石术，就是利用聚焦的超声波来粉碎人体内的肾结石或胆结石。

近些年以来，在超声波诊断方面越来越广泛地运用气泡来增强成像能力。由于气泡散射超声波的效应比身体组织更加显著，因此如果把微米量级的气泡射入血流，那么在进行超声波扫描时，能够更加清晰地通过气泡的散射来显示体内图像。

气泡在医学上的最新应用是把气泡当作药物的运载机器，就是使用微小的气泡包裹药物，由气泡精确地输送到目的细胞。当运载药物的微气泡到达目的细胞后，在超声波的作用下，气泡内的药物能够非常顺利

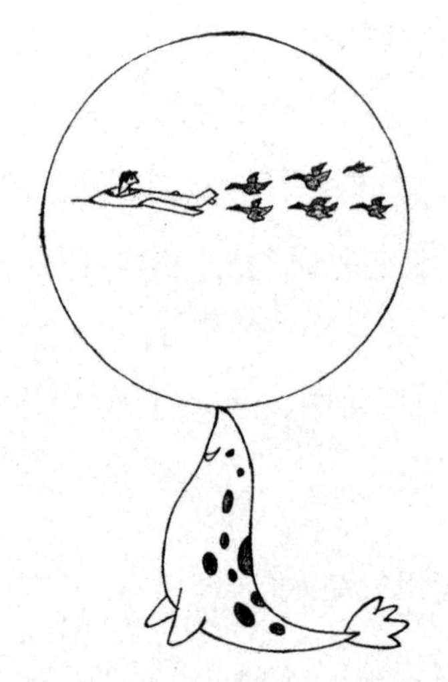

杨志平 ¦ 图

地进入细胞里面。至于为什么气泡能够使得细胞膜对药物这种大分子的渗透性增大，人们目前还不是很了解。也许气泡破裂时产生的喷射作用是一个很重要的原因。利用电子显微镜观察受到声波和气泡作用的白细胞时，确实发现细胞膜上面出现了非常明显的大洞。不过除了喷射作用，气泡破裂时发生的其他高能现象，例如剪切作用、压力、声波和冲击波等，估计都会对气泡向细胞内部有效运送药物产生影响。

除此之外，在石油开采和运输过程中，通过注入泡沫，可以使重油浮到表面。在高能物理实验中，科学家们使用的气泡室正是用气泡来显示高能粒子的运动轨迹。

不过，现在物理学家们对气泡的了解还不彻底，许多研究对他们来说仍然是一个很大的挑战。

科学问答

摘自《科学世界》

为什么别人听到我说话的音色和我自己听到的有很大的区别?

答：别人听到你讲话的声音和你自己听到的声音是通过两条不同的途径传入人耳的。别人听到你讲话的声音是由于你声带的振动通过空气传入他的耳内，然后经过外耳、中耳，一直传到内耳，最后被听觉神经感知。你听到自己讲话的声音主要是声带的振动经过牙齿、牙床、上下颌骨等骨头传入内耳，被听觉神经感知。由于空气和骨头是两种不同的传声媒质，它们在传播同一声源发出的声音时，会产生不同的效果，因此，我们听上去就感到这两种通过不同途径传来的声音的音色有差别。

——三门峡职业技术学院员　青泽

人进入时间隧道就会回到过去吗?

答：关于时间机器（或说时间隧道）的研究完全是纯理论式的，通过虫洞（虫洞连接起两个不同区域）的测地线可以闭合，用物理语言讲，一个做测地运动的观察者通过虫洞之后，从时间上说他回到了以前。这与超光速火箭不同，不是时间次序倒流，而是时间“超前”。这里不存在时间不同标准的问题，而是同一条测地轨迹。但是，这种时间超前有何物理意义，现在还得不出自洽的结论。以此在文艺作品中发挥想像力是不符合科学性的，特别是人类的活动。自然界中万物的演化是不可逆的过程，说人进入时间隧道就会回到过去是根本不可能的。因为人的新陈代谢不会回到过去，他不可能把吃过的东西重新吐出来，他的衣着、随身携带的物品不可能回到过去。因此，读者不可依据一些科学家的丰富想象去探讨其中的细节。

——中国科学院理论物理所研究员　张元仲

巧夺天工的设计经典

［英］保罗·克拉克　朱利安·弗里曼
周绚隆　译

“经典”这个名称用得太草率随意，细心的读者最好还是用怀疑的态度来对待所有这样的提法。然而，虽然有了这种警告，我们已列出的一系列用品，即使最不怀好意的批评家也不得不承认，从视觉的冲击或单是寿命方面来说，都是设计难题上的出色回应。

坐得舒适的椅子

当我们需要坐下休息的时候便出现了椅子。刚开始时是些卵石，然后是树干，但是在远古的某个时候有人巧妙地制作了第一把椅子，或者（更有可能）是凳子。下层人有了凳子——想想挤奶女工——而处在另一端

的封建贵族和主教们，当然还有国王和王后们，则有了与地位相称的椅子（或者宝座）。几百年以后椅子仍然扮演着社会所赋予的角色。

值得注意的是，20 世纪设计的一个经典是由一位出生在 19 世纪的人制造的。迈克尔·索恩特有一个把新技术（曲木）与简洁、有效的设计结合起来的精彩简洁的发明。他的 1859 年款的第 14 号椅子是最成功的产品之一——我们的咖啡厅和学校礼堂里的椅子。到 1930 年已生产了 5000 万张。

考尔特左轮手枪

如果有一种产品标志着批量生产技术的到来的话，它就是塞缪尔·考尔特为带滚动枪膛的手枪所搞的设计：一种令人震惊的新颖的发明。他在出海的时候用木头刻成了第一把，并在 1853 年为它申请了专利。

吉列牌剃须刀

剃须刀起源于罗马时代，但是在 1895 年，一个名叫吉列的店员发现，做这项工作只需要一个金属小薄片，他和机械师威廉·尼尔森一起，设计了一种用后即弃的产品，将剃须过程变得更加方便。1902 年注册为“安全”牌剃须刀，在克服了初步的抗拒后创建了公司，该公司后来变成了跨国公司。

对准了拍照35毫米的摄影术

使摄影术发生了突破性发展的柯达“勃朗尼”相机及业余快照未出现以前，照相机又大又笨拙。其质量也是有限的：在固定的焦距和晴天下，只能拍一些凑合的能放在家庭影集里的照片。然而，摄影术中的一场革命来到了，它的胶片只有35毫米大小。

在1910年初，德国的莱卡公司接受委托，制造一种相机来测试35毫米的电影胶片。研究部主管奥斯卡·巴纳科设计了一个小相机，它有很好的镜头，能拍出清晰的照片。他想到这种产品会是很有用的，在做了一些样品模型以后，莱卡1A型相机在1924年开始生产；不久它的精确性在创作圈里就传开了，35毫米随即成了世界通用的标准。

它不但彻底改变了照相机的形状与大小，而且彻底改变了拍摄内涵的本质。35毫米照相机一直是20世纪最杰出的和不断发展的产品。

伦敦地铁图

在19世纪，城市已变成了文明的神经枢纽。城市是事件的发生地。它们是文化的温床，新的观念在那里被构思了并往外传播。1890年以前先锋派已在巴黎诞生——文学、戏剧、音乐、设计和视觉艺术都被彻底革新了。城市一直是商业、银行和贸易的中心。百货商店的出现把更多的人引到城里。于是，就需要一个有效的系统，接送住在郊区的上班族和购物人潮。

在马拉车给公共汽车和有轨电车让路的过程中，科技发展起了主要的作用，还有铁路加入竞争。1863 年首先建成的伦敦大都会铁路有一半在地面上，一半在隧道里，但是地下的那一段，蒸汽和烟都是特别不利的因素。1890 年,电动火车出现了,地下铁路变成了真正的可能。在伦敦，这一系统扩展至服务全市，成了一个全世界模仿的范本。

哈里·贝克是伦敦交通委员会的工程师。他在 1931 年利用电子线路图知识设计了一张地铁系统的非地理性地图。它在以后的 25 年间得到了改进，而它的原理被全世界各地效仿。

可口可乐瓶

由亚历山大·塞缪尔森设计的著名的细腰可口可乐瓶，在 1915 年是可口可乐公司为市场销售所付出的努力的一部分。

角架平衡式台灯

有的设计师是多产的，但我们之所以知道乔治·卡瓦丁却仅仅是因为他那杰出的角架平衡式台灯，这种台灯最初是由弹簧制造商 Terry & Co 生产的。它由模拟人类手臂肌肉的平衡弹簧操纵，屈伸自如。它自 1934 年以来不断在生产，只有很小变化。

贝尔 500 型电话机

1946 年，亨利·德赖弗斯受贝尔电话公司的委托，来改进他在 1937 年为该公司设计的 302 型标准电话机。改进的结果是 1949 年出现的“500 型”，它有一个线条简洁的现代式话筒，该话筒变成了全世界电话的标准形式，直到 1970 年才发生了变化。它被人大量模仿，并且（像早期的福特汽车）颜色只有黑色，直到 1953 年开始推广“时尚”电话为止。

鼠　标

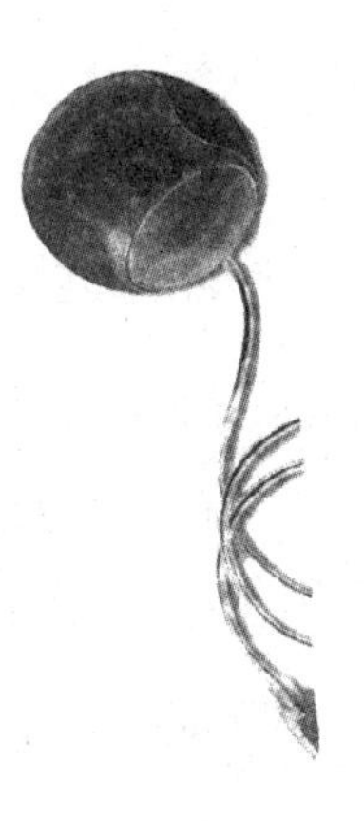

电脑使用初期，所有的指令都必须通过键盘来输入。你电脑上的那个用途广大的被称为“鼠标”的附加零件，是道格拉斯·恩格尔巴德在 1968 年首次设计的，当时他正在斯坦福研究所工作。但在 1984 年鼠标作为苹果公司 Mac 机的标准部件出现以前，并不广为人知。现在，每年有 9000 万只鼠标问世，形状各异，大小不同。

让物理学界沸腾的引力波

霍　光

2016 年 2 月 12 日，物理学界沸腾了——百年前已经被预言的引力波，终于被探测到了！

作为普通大众，我们在被各种社交媒体刷屏的“引力波”洗脑的同时，却很少有人知道：引力波到底是什么？为什么探测到它需要百年的努力？它又能给世界带来什么？

宇宙大蹦床

很多人听说过爱因斯坦的广义相对论，但并不知道它讲了什么。事实上，广义相对论的很多推论是人们凭直觉无法理解的。比如这一项——引力的定义。

在广义相对论中，引力被解释为时空的弯曲。

“时空弯曲是什么？”相信大多数人听说之后都是这个反应。它的意思是，我们平时感知的空间貌似是平直的，但真实的情况中，却是像在哈哈镜里一样，是弯曲的。这种弯曲是物质造成的，质量越大，造成的弯曲就越大。

我们可以把宇宙想象成一个蹦床，如果没有任何干扰，它是平坦的。但当有质量的物体出现时，比如一个鸡蛋、来游乐场的小孩子，或者是地球这样的庞然大物，它就会变得弯曲。

这种弯曲，对于生活在蹦床上的微小生物——人类来说，一是由于我们跟着蹦床一起弯曲了，二是由于这种弯曲太微小，我们完全感觉不到。

但如果这个大质量物体发生变化——鸡蛋被吃了、小孩子蹦走了，或者地球爆炸了——蹦床就会开始震动，这种震动就是引力波。当然，跟着一起震动的我们感觉不到它在震动。

用圆规丈量宇宙

对于不喜欢睡眠被地震打扰的人来说，感受不到宇宙的震动是多么幸福的一件事。

但物理学家可不这么想，他们急需感觉到震动，来证明自己确实了解宇宙。他们还希望通过对震动的研究，将宇宙了解得更透彻。于是，他们发明了世界上最大和最贵的——圆规，或许很像，但他们把它叫作迈克尔逊干涉仪，或是 LIGO。

在大年初五带来引力波消息的 LIGO 并不像财神，相反，这个美国国家科学基金会 (NSF) 资助的项目前前后后已经花去了数十亿美元。

LIGO 的原理是什么？假设我们有两个短跑运动员，他们在任何情况下跑步速度都一样，那么，如果跑道因为引力波扰动，长度发生了变化——就像蹦床表面会因受力，在一个方向上拉伸一样，他们从 LIGO 的两条腿上跑回来的时间就会产生些微的差异。由此，我们就知道，时空确实在震动。

然而，这并不是那么简单的。

第一，震动太小了，也许 4000 米只会发生 0.000000000000000001 米（数了一下，小数点后应该有 17 个 0）的变化。虽然圆规腿已经很长了，这也只是勉强能让我们感觉到两侧“运动员”，也就是激光返回速度的差异。

第二，我们不能让诸如跺脚、打喷嚏或是地震之类的干扰影响我们的观测，所以要用各种设备让两条腿保持稳定。同时，我们还要在很远的地方再建一个探测器，如果两个都震了，我们就知道这不是科研人员在绝望的情况下掀桌子引起的。

物理学家在地球上建了一大堆探测器，这次探测成功的 LIGO 在美洲东西海岸各有一个探测基地。

1991 年，麻省理工学院与加州理工学院在美国国家科学基金会 (NSF) 的资助下，开始联合建设“激光干涉引力波天文台”(LIGO)。不过，LIGO 建成后一开始并没有什么作为，经过数次耗资不菲的改造，LIGO 总算带来了好消息。

引力波能带来什么

对于大众来说，或许会质疑，花费这么多美元——教育家会计算能建多少学校，贫困国家会计算能买多少粮食，诸如此类——去探索引力波有何意义。

但对疯狂的物理学家来说，他们会觉得，这不但值回票价，而且就像是免费的一样。

听到这个消息，爱因斯坦当然会高兴，因为这证明了他那不像普通人类的脑袋瓜又对了，他猜想出的东西，人们花了大把钞票辛苦了数十年，总算看到了。不过，其他物理学家呢？对他们来说，这轻轻的一震，比《美人鱼》《星球大战》乃至人类史上所有的电影加起来都好看，因为它蕴含的剧情，是宇宙诞生的画面。

我们从小就被告知了一个最著名的猜想——宇宙是在一场爆炸中诞生的。这意味着，在时空开始时，这个大蹦床有一次最剧烈的震动。引力波能让我们还原这个震动——它是否存在，有多大规模，等等。

引力波还能让我们知道，我们看不到的宇宙空间在发生什么。据科学家说，这次的引力波就是在距离我们超级远的地方，由我们看不到的超级大的黑洞的变化引起的。

如果你是《三体》迷，你就可以理解，如果在很远的星系一个文明被更高阶的文明毁灭了，我们能够第一时间通过引力波知道这件事。

三百年来一桶水

沈致远

牛顿发现著名的运动定律后意犹未尽，转而思考一个基本问题：运动相对于何者而言？此问题不解决，运动定律就是无本之木。牛顿为此做实验：他将一桶水用绳索悬在屋梁上，然后使水桶快速旋转，开始时桶转水不转，水面是平的；稍后，他观察到水面变凹，这是由于摩擦力使得桶中水随桶而转，旋转之水受到离心力作用从中心向桶壁运动，使水面变凹。牛顿自问：水相对于何者而转？基于常识的回答是：相对于地球而转。牛顿不满足于此，他设想：如果不是在地球上，而是在太空中做同样的实验，这时桶中水相对于何者而转？思之再三，他得到的答案是：绝对空间。牛顿的绝对空间空无一物，是一切运动之恒定框架，古希腊先哲称之为“以太”。

德国著名哲学家、数学家、科学家莱布尼兹不同意牛顿空无一物的绝对空间说，他指出：空间只是物体位置之间的关系，去掉物体，何来空间？就好比语句是字母之排列，去掉字母，何来语句？莱布尼兹的这一思想极其深刻，甚至触及三百年后物理学之最前沿，这是后话。

由于牛顿之盛名，他的力学体系之严谨及其在各个方面应用之成功，几百年来除莱布尼兹外，鲜有人对绝对空间进行质疑。直到19世纪，奥地利著名科学家马赫对牛顿的旋转水桶反复思考，提出不同意见。马赫说："物理学中的每一句话必须以可观察量表述。"据此他认为：太空水桶中的水并非相对于绝对空间转，而是相对于宇宙中所有的星体转。他指出：如宇宙中除水桶外空无一物，桶中水根本转不起来。马赫与牛顿之争涉及空间及离心力之本质，触及物理学之根本。牛顿认为，在除旋转水桶外空无一物的虚拟太空中，离心力仍在；马赫认为，离心力不复存在。牛、马两派各执一词，又不可能做实验加以判定，只好悬置。

时序流转到20世纪，出了一位大科学家爱因斯坦，他在1905年发表的狭义相对论否定了以太的存在，牛顿的绝对空间随之破灭。但牛顿并未全输，原来狭义相对论虽然否定了绝对空间，却将时间与空间合起来定义了时空连续统，可以认为桶中水相对于绝对时空而转。

狭义相对论建立后，爱因斯坦开始探讨广义相对论，他从马赫之旋转水桶说得到启发，称之为马赫原理。1913年爱因斯坦正在对广义相对论做最后冲刺时，给马赫写了一封热情洋溢的信。信中说：广义相对论将证实马赫原理。1918年，爱因斯坦在一篇文章中将马赫原理列为广义相对论三大基本思想之一。但好景不长，原来广义相对论之含义非常丰富而且深刻，连爱因斯坦本人一时也未能全部掌握。随着对广义相对论真意之深入理解，爱因斯坦与马赫的旋转水桶说渐行渐远，到晚年他甚至否认广义相对论与之有关。

广义相对论与马赫的旋转水桶说之间究竟是什么关系，涉及许多比较深奥的物理概念，此处只能根据格林的书做一简略的介绍。

在有众多星体的真实宇宙中，牛顿和马赫都认为桶中水是在旋转。两人之不同在于水相对于何者而转。牛顿认为是绝对空间，马赫则认为是宇宙中所有的星体。广义相对论采用了马赫的某些观点，并为遥远星体对桶中水如何施加影响提供了物质基础——引力场。

在空无一物的虚拟太空中，牛顿认为桶中水相对于绝对空间旋转；马赫不承认绝对空间，桶中水无从转起。孰是孰非？按照格林对广义相对论的理解，引力为零的虚拟太空即等效于绝对时空。换言之，桶中水是在旋转。但这只是格林个人的理解，并非物理学界之共识，辩论还在继续。

牛顿旋转水桶问题实质是空间之性质，三百多年后仍是物理学的基本问题。量子论揭示：真空是实体，空无一物的空间根本不存在。另外一些科学家更激进，主张用“相互关系”取代空间。（回到莱布尼兹？）总之，牛顿水桶旋出的水花还在激励着新一代的物理学家。朋友！您想试试吗？

至此，请允许我谈几点个人的感想。

一、对有心人来说，处处有学问。牛顿的旋转水桶实验简单明了，常人难以想象其中蕴涵着如许奥妙，涉及空间时间的性质和许多基本物理概念，三百多年来使马赫和爱因斯坦那样杰出的科学家为之呕心沥血。

二、思辨之威力无穷。旋转水桶除牛顿最初的实验外，其余纯为思辨。思辨乃人之天禀，人人可做，从如水桶那样的身边“小事”，到家事、国事、天下事，思辨之妙，存乎一心。

三、牛顿之名言：我之所以能有成就，是因为站在巨人的肩上。诚哉斯言！爱因斯坦高瞻远瞩，见前人之所未见，就是因为他左脚站在牛顿肩上，右脚站在马赫肩上。而在爱因斯坦的肩上，更有后来者。

三百年来一桶水，伟哉此水！伟哉牛、马、爱三翁！

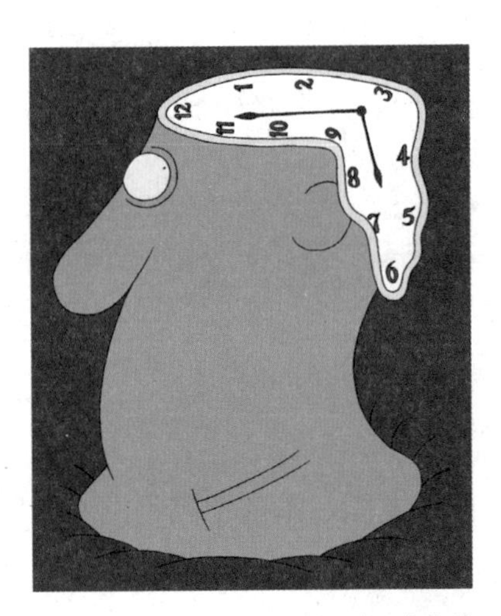

刘　宏｜图

试衣间内有乾坤

didi

为什么快时尚品牌服装店的试衣间门口永远大排长龙？当代年轻人到底要花多少时间，躲在试衣间里思考人生？

答案不在现场，在社交媒体里。

打开手机才发现，朋友圈、微博中满是试衣间自拍照，人人都是时尚博主，都躲在帘子后疯狂自拍。

为什么大家都选择在试衣间里自拍？这种魔法是如何产生的？

都是灯光惹的祸

在试衣间自拍的人们总有一种错觉，镜子里的自己特别美，穿什么都好看。但请注意，这其实是镜子和灯光营造的效果，跟你本人没有太大关系。几乎每个试衣间都会搞点“小动作”。

就拿灯光照明来说，最基本的色温选择都是有讲究的。色温是指人直观看到的光的颜色，大概有红、橙、黄、白、浅蓝几种。暖色光包含的红光比较多，能给人温暖、舒适的感觉，而冷光则有助于集中精力、提高工作效率——回想一下咖啡馆和图书馆的灯光，刚好就是二者的区别。

试衣间通常采用暖色光或者中性色光。暖光柔和舒适，拍照自带朦胧美化的效果，使人看起来面色红润有光泽。中性色光会让衣服看起来更有质感，快时尚品牌服装也能拍出大牌范儿。

除了色温，灯的位置设计也有大学问。在镜子两侧竖立两根灯管，以一定角度将光投射到顾客全身，能营造出最典型的“魔镜”效果。两侧灯光正好在镜子中间形成环形光晕，类似舞台灯效果，能有效遮挡人体阴影，让人看起来苗条紧致。而且光线大多聚集在人的脸部和身体上，使你能充分欣赏全身的搭配，也能自拍出绝佳效果——光聚集在脸上，使人双眼明亮；暖黄灯光衬托出好的气色，五官看起来也漂亮了不少。

还有一种间接照明。在试衣间的墙上安装一对灯管将光打向天花板，再利用全白的墙壁均匀地反射光线，营造出类似日光的效果，拍出来的照片也很好看。

玩转试衣间镜子

好看的试衣间自拍照是光影合谋的成果，除了灯光，高大的镜子也功不可没。

在自拍效果最好的品牌试衣间里，镜子通常非常宽大，且和地面保持一定的距离，试衣间内的空间也足够大，人投射在镜面里的是小小的一个镜像，显得单薄而苗条。

而反面教材是，在有的试衣间里，镜子从天花板一直接到地上，镜身平平地贴在墙上，头顶是一个巨型荧光灯，没有其他灯光做修饰。在这样的镜子里，人的所有缺点都会被放大。

平面镜成像是与实物等大的，当镜面有一定曲度时，人投射在镜子中的镜像就会"失真"。凸面镜照出来的人像，在视觉上会有膨胀的效果，也就是显得人胖。反之，凹面镜照出来的人像则显得瘦。服装店的镜子大多选用凹面镜，由于弧度微乎其微，"瘦身"效果不会太夸张，但足够让你变得比平时好看一些。

有些店铺的镜子还会调整摆放角度。根据光的反射折射原理，镜子被斜放后，人下半身的比例明显增长，向后仰的人像拉长了竖直方向的视角。

镜子的大小和形状也很有讲究。窄一点的长条形镜子"瘦身"效果更好。

另外，服装店多采用镀三层水银的镜子，其反射的光比镀一层水银的镜子反射的多很多，人像的轮廓会更加分明，色彩鲜亮饱和，再加上中暖光，能让肤色看上去均匀透亮。

有人曾经总结出一个公式，60 厘米 ×150 厘米的试衣镜前使用筒灯为主照明灯具，当灯具与试衣镜的间距控制在 40 厘米 ~60 厘米（一般层高条件下）时，人对着此镜试衣服，垂直面可以获得更好的照明，人在镜子中的镜像较为清晰，面部光影自然，成像也较为真实。

试衣间常被称作"推倒顾客的最后一步"，一个精心设计的试衣间能成为自拍胜地，吸引无数潜在的顾客。

请给我一分钟

耿学成

2008年5月14日，美国亚特兰大世界展览中心，一年一度的英特尔国际科学展正在火热进行。这是全球最大规模的中学生科学竞赛，获胜者除丰厚的奖学金外，还有奖品、学费补助、暑期工读及考察补助等。因其特殊地位和影响力，争夺异常激烈，来自全球51个国家和地区的1557名优秀的参赛者，将一万多平方米的展览中心挤得满满的。

在其中一个不到一平方米的展位前，怯怯地站着一位黄皮肤的女孩子。她叫苏意涵，今年17岁，是台北市立第一女子高级中学二年级学生。置身异国他乡，又是首次参加如此规模的赛事，她的展位前冷冷清清。而她的对面，就是去年得到首奖的美国学生，被评委和参观者围得水泄不通，人数足有她的10倍！

她参赛的选题是“均相沉淀法制备 CZA 触媒之探讨”，借由高活性催化剂改善甲醇改革的反应，以便更有效地产生氢气。这项研究对于改善混合同构型金属、加强原料电池的应用及缓解石油能源危机都有可贵的借鉴意义。为了完成这项研究，她整整费了 11 个月的心血。

她相信自己的研究成果的价值。但看着空空的展位，她心里感受到的是从来没有过的害怕——再这样撑下去就完了！

情急之下，她跨出展位，大声拦住路过的一位评委：“您有 5 分钟时间吗？”她被拒绝了！要知道，参与总决赛的评委个个是顶尖的专家。她不得不回到展位。几分钟后，她又鼓足勇气出去拦，还是被拒绝。就这样，她一连被拒绝了 5 次！

终于,等到第 6 个评委说“Yes”时,她铆足了劲儿介绍:“我叫苏意涵，来自中国台湾，我做的题目主要是要探讨燃料电池的触媒转换效率……”一口气，她讲了 5 分钟。

到了下午，她继续用“5 分钟拦截法”，最后她干脆改口问“可以给我一分钟吗”？她知道评委一人一票，有更多人了解她的实验，开会讨论时就会得到更多的帮助。就这样,她又多“缠”到十几个评委来听她的实验。

38 个小时之后的颁奖典礼上，逐一宣布得奖学生。让她没想到的是，她不但抢下英特尔国际科学展化学类首奖，最大奖项“青年科学家奖”得主竟然也是她！她因此获得了 5.8 万美元的奖金、一台英特尔双核笔记本电脑……而历年的 36 位大奖得主中，仅有 6 名不是来自美国，她是亚洲人中的第二个幸运者！

在分析拿下大奖的原因时，她的辅导老师这样说，除了良好的选题，还得益于她在极短的时间内能让评委全面了解自己实验的表达能力，更离不开她敢于在关键时刻跨出展位向评委说“请给我一分钟”的胆略！

物理课的开场白

裴智新

桑卡尔教授抛出一粒糖，一个学生接住了，教授叫了一声好：“这个同学对糖的落点判断得很好，我们马上要学的牛顿力学要解决的问题其实就是一个判断落点的问题，就是‘基于现在预测未来’。”

这是耶鲁大学公开课视频中桑卡尔教授的物理课的一个场景。教授说：“在坐的有各种专业的学生，比如学医的学生不知道相对论、量子力学有什么用，但是如果有一天你的病人以光速逃跑了，你就知道该怎么做了；儿科的，你发现小孩子老是坐不住，你就明白那是因为量子力学不允许一个物体同时拥有确定的位置和动量。”

学生们大笑，继续听教授“忽悠”：“我读书的时候，教材只有300页，现在1100页，我看你们谁的头也没有比我大3倍，所以我断定你们谁也

小黑孩｜图

读不完这本书，我将选重要的来讲，因此你只有来上课才能知道我们要学什么。你如果确实有事，比如要结婚、器官移植什么的，不来也是可以的。但是器官移植，你要给我出示换下来的器官或组织；结婚，你要给我出示配偶；如果祖父母外祖父母去世了，4次以下我会相信的，但是5次以上，我就要查你的家谱。”

学生们狂笑。

教授继续说：“我不喜欢学生上课说话，但是你如果对旁边的同学说‘请帮我捡一下心脏起搏器’，那肯定没问题。如果有人要睡觉，我很理解，你需要休息。以前我上课，睡觉的都在前排，他们说，只有在听见我说话的地方才能睡得香。但是今天这里的音响好，哪都能听清，不一定要到前排来，后面照样睡得好。我只要求你别说梦话，还有就是睡觉的坐在两个不睡觉的人中间，免得形成多米诺效应一起倒下，对我的声誉不好。”

教授看大家笑得前仰后合，还“变本加厉”：“我担心有时气氛不够活跃，跟录像方商量可否像情景喜剧一样加上一些笑声，他们说不行，我只能自己应付了。”

开场白的最后，他说：“如果是有关课程的问题，你们可以随时打断我。我教这个课很多年了，对于我来说，唯一不同的是你们提出的问题，它可能是非常有创造力的问题。这个课程年复一年似乎天经地义重复的那些知识忽然变得苍白无力，可能就是因为你提出的问题。”

相对论的磨难

车先峰

掀起轩然大波

1915年，爱因斯坦创立的相对论深深地触动了当时占统治地位的经典物理学说，在物理学界和哲学界掀起了轩然大波，招来了众人的非议。许多物理学家和哲学家，对相对论进行了激烈的反驳和无情的嘲讽。还有许多人甚至指责爱因斯坦的真知灼见“违背常识”、“玩弄数学游戏”、“标新立异”、“故弄玄虚”，一顶顶大帽子接踵而来，重重地扣到了爱因斯坦的头上。

这不仅仅是由于爱因斯坦对经典常规的超越和对现实传统的背离，而引起的传统观念和习惯势力的阻挠。同时，也由于爱因斯坦科学成就的影响超出了自然科学范围，因而真理与谬论、黑暗与光明的斗争，也通过社会的渠道渗透到科学领域。科学被卷进了政治漩涡。

1920 年，在德国的政治背景中，排斥相对论，反对爱因斯坦的敌视行动开始了。2 月 12 日，柏林大学的一些学生在爱因斯坦讲课时蓄意捣乱，爱因斯坦被迫退出课堂，忿然离校。之后，反相对论的恶浪更凶猛地掀起，诽谤、谩骂迅雷般地向爱因斯坦袭来！

杀死爱因斯坦

此时，柏林出现了一个以魏兰德为首的组织，它的宗旨就是攻击相对论和爱因斯坦。魏兰德四处频繁活动，弄来一些来路不明的钱，以丰厚的报酬聘录人员，条件是为他们撰写文章、发表演讲，攻击相对论，辱骂爱因斯坦。几个利令智昏的人极尽造谣污蔑之能事，利用各种机会向爱因斯坦挑衅和攻击。

1921 年，第 86 届德国自然科学家会议在法兰克福附近的瑞海姆温泉举行。为了在这次会议上再次向爱因斯坦进攻，魏兰德指挥他的公司员工煞费苦心地进行了准备，他们用金钱收买科学家，以孤立爱因斯坦。爱因斯坦的好朋友埃芬·弗斯特就收到了魏兰德签署的收买信。会上，德国实验物理学家、1905 年的诺贝尔奖获得者勒纳，对爱因斯坦和相对论进行了恶毒攻击。魏兰德则在会场上密切注视着事态的发展，推波助澜。

此后，魏兰德更加疯狂，居然在柏林的报纸上说“要杀死爱因斯坦”。对于如此煽动谋杀的行径，德国有关当局竟置若罔闻，没有采取任何制止和惩治的措施。

1921 年 7 月 5 日，爱因斯坦在给普朗克的信里提到，他已经被列入纳粹分子扬言要捕杀的名单中，他没有其他选择，只好痛苦地离开这个城市。1921 年 9 月 18 日，德国的自然科学协会在莱比锡举行成立 100 周年纪念大会。会上，勒纳等对爱因斯坦和相对论的攻击激烈和蛮横的程度有增无减，反对浪潮大有使相对论陷于灭顶之势。

“国之瑰宝”背井离乡

在这样严重的情势下，爱因斯坦被迫离开了柏林。1921 年 10 月，他赴日本讲学，11 月中旬途经上海时，他从瑞典驻上海领事那里接到一份海底电报，电报宣告：瑞典科学院已经决定授给他 1921 年度的诺贝尔物理学奖。

事实上，爱因斯坦 1905 年所发表的三篇论文以及物理学中著名公式 $E=mc^2$ 和广义相对论这五项成就，任何一项都是创造性思维的光辉结晶，对人们都有一种神奇而巨大的影响力。因此，根据正常标准，这些巨大的科学成就都应该获得诺贝尔奖，其中相对论在整个文明世界更是压倒群芳。可是，爱因斯坦在 1921 年被授予诺贝尔奖，却不是因为对于相对论的研究,而是由于提出光量子假说。瑞典科学院对相对论如此讳莫如深，与德国的反相对论运动有直接关系。勒纳和斯塔克早就说过如果给相对论的创立者颁发诺贝尔奖，他们就要退回诺贝尔奖。瑞典科学院把对爱因斯坦的授奖原因谨慎地说成是由于采用光量子假说解释了“光电效应”。这样，德国的那些反相对论分子又可以向人们宣布：相对论是不配得诺贝尔奖的。尽管如此，勒纳竟然还向评奖委员会提出抗议，指责对爱因斯坦光量子假说的研究工作给予如此高的嘉奖是太“轻率”了。

1933 年 1 月末，希特勒成为德国国家元首，从此，德国反相对论的运动更加紧锣密鼓了。残酷的现实逼迫爱因斯坦失去了对德国的最后一线希望。他公开表示不准备再回德国，并义正严词地谴责希特勒法西斯的暴政。爱因斯坦对纳粹的抨击,引起了法西斯分子对他更加激烈的反对。他在柏林近郊的避暑寓所遭到了洗劫，在卡普特的别墅受到了查封。

同时，纳粹政府教育部看到爱因斯坦不回德国的声明后，立即下令要普鲁士科学院给爱因斯坦以严厉惩罚。3 月 30 日，普鲁士科学院接受了爱因斯坦 3 月 28 日退出普鲁士科学院的辞呈，并拟定了一个公开声明。声明宣称：科学院对爱因斯坦的辞职，并不感到遗憾。4 月 1 日，这份声明在报纸上公开发表。同一天，德国最大的科学院开除了最享有盛名的、堪称“国之瑰宝”的院士——爱因斯坦。

爱因斯坦虽然离开了德国，可德国的反相对论运动远未平息。法西斯的淫威到了令人发指的程度:焚书开始了。1933 年 5 月 10 日那天午夜，在一片欢呼声中，几万册书籍被投进柏林国家歌剧院广场中央的火堆里。这些书中，也有爱因斯坦关于相对论的手稿。

1933 年 8 月，德国悬赏重金收买爱因斯坦的头颅！后来，一位从柏林来的朋友给落难奔走、漂泊异乡的爱因斯坦带来一本棕色封皮的画册。画册的第一页就是爱因斯坦的大幅照片，并附有罗列罪行的说明文字，文字的下面是一个括弧，括弧里面有四个小字：“尚未绞决。”

一场有关上帝的赌局

苗　千

科学史往往被认为充满了乏味的论文、人名和数字，除了专业人士之外很少有人关注，但一些改变人类历史进程的段落却被广泛地传播、演绎，乃至最终被改编得有如武侠小说般充满刀光剑影。在第五届索尔维会议上，最著名的论战来自爱因斯坦与尼尔斯·玻尔。反对量子力学的爱因斯坦留下一句名言："上帝不会掷骰子。"而玻尔则针锋相对："爱因斯坦，不要告诉上帝他该怎么做。"两位大师见招拆招，刀光剑影，确实有着武侠小说般的节奏感。

当年的物理学大师可能不会想到，在几十年之后，陷在困境之中的物理学家们仍然在苦苦猜测着上帝的做法。一些物理学家认为可以通过数学的美感了解到宇宙最深的奥秘，另一些物理学家则持相反的意见。

这些世界上最具智慧的人最终决定，用开设一个赌局的方法来解决这个矛盾。

丹麦时间 2016 年 8 月 22 日 13 点 30 分，一群世界知名的物理学家聚集在玻尔的故乡哥本哈根，了结一场在 2000 年定下的赌局。在 21 世纪刚开始时，欧洲核子研究中心开始建造大型强子对撞机，这为理论物理学家们带来了希望，人们希望这个开始建造的庞然大物能够发现各种理论假说预测存在的粒子。除了标准模型中至关重要的希格斯玻色子之外，人们最关注的就是能否发现“超对称”理论预测的“超粒子”。有 20 位物理学家认为，大型强子对撞机在 10 年之内至少能够发现一种超粒子，而另有 24 位物理学家则认为不会发现。因为大型强子对撞机建造过程的延迟和故障，赌局在 2011 年又被推后了 5 年，然而直至今日，仍然没有任何超粒子现身，这场持续了 16 年的赌局终于有了结果。

在哥本哈根，来自普林斯顿高等研究院的理论物理学家尼马 · 阿尔卡尼—哈米德充当仲裁人（他相信超对称理论，也参与了这场赌局），20 位输掉赌局的物理学家为赢家们奉上价格不菲的白兰地。理论物理学家史蒂芬·霍金并没有参加这场赌局，但是他也作为观众出现在了哥本哈根。之后，霍金发表了一个声明，认为超对称理论很可能存在错误，他说:“如果超对称理论成立的话，那么超粒子应该已经被发现了。”但是另一方，输掉白兰地的物理学家们并不服。阿尔卡尼—哈米德就表示，无论如何都不会放弃这个理论。

这场物理学家们的聚会，揭示了物理学目前存在的一个重大危机，或者也可以说，当年爱因斯坦与玻尔之间的辩论以另外一种形式延续至今。时至今日，人们仍然要问：上帝到底是不是在掷骰子？上帝到底有多少骰子？

人类探索自然的根本动机并非一成不变。牛顿是一名虔诚的基督徒，他探索物理学的目的是为了理解上帝创造这个世界时的构想，因此在他的力学体系中，也是以一个上帝创造的完美的静态宇宙作为背景。时至20世纪，作为无神论者的爱因斯坦并不相信有一位人格化的造物主，他相信隐藏在纷繁表象之下的自然规律是美与和谐的，也可以说，这个宇宙是“自然”（natural）的。对于“美”和“自然性”（naturalness）的追求，就是爱因斯坦时代的科学家们探索物理学的最根本原因，也是最重要的手段——物理学家们相信，宇宙中的规律应该是相互统一、自洽的，而一些宇宙常数的数值理应从所发现的自然规律中浮现出来。

对于美和自然性的追求，作为探索物理学最根本的动机和最重要的指导思想，在21世纪正在受到挑战，而超对称理论的失败，也可能正在加重这种危机。物理学家们开始怀疑，宇宙中的规律真的是“美”的吗？这些宇宙常数究竟从何而来？为什么这些看似随意分配的宇宙常数恰好可以允许生命的存在？我们所生活的宇宙，各种数值究竟是被精细地调整过，还是我们恰好是生活在无数宇宙之中（允许生命存在）的一个？

希格斯玻色子的发现给物理学家们带来了疑惑，这个基本粒子的质量与物理学家们此前的预测有极大的差异。物理学家们希望希格斯玻色子的质量是“自然”的，但实际上希格斯玻色子的质量与科学家们此前的理论计算完全不符——这个质量从何而来，难道真的只是上帝随意掷出的“骰子”？粒子物理学家们曾经希望大型强子对撞机可以相继发现一群超对称理论预测的超粒子，以此来解释希格斯玻色子的质量问题，但现在看来希望并不大。

与之相似的，宇宙物理学家们也无法理解“宇宙常数”如此微妙的数值。宇宙常数描述的是令宇宙加速膨胀的暗能量，人类对它测量的数值与理论计算的数值相差不止千百倍，可正是这样的宇宙常数保证了一个可以允许生命出现的宇宙存在——数值过低会导致宇宙坍塌，过高又会使一切物质快速地飞散，无法形成星系。

21 世纪的物理学家们面对着一个又一个的新发现（或是没有发现），无法感受到宇宙规律的和谐和自洽，一个问题浮现出来：我们所生活的宇宙，究竟是被精心设计过的，还是只是近乎无穷多的宇宙中的一个？在这样的氛围中，“多重宇宙”假说开始被越来越多的物理学家接受。这种假说认为，存在着近乎无限多的宇宙形态，不同的宇宙中有着不同的各种常数，而在极少见的情况下，才会形成稳定的、允许生命存在的环境，因此，生命存在于这样的宇宙中也就不足为奇，因为人类只能存在于这样的环境中。但是另一方面，如果相信多重宇宙假说，也就说明人类对于一些宇宙规律和宇宙常数的探索毫无意义（因为只能是这样），而且因为多重宇宙假说可能无从验证，这难免会演化为 21 世纪的另一种宗教。

物理学家们是否像当年抛弃神创论一样，急于抛弃对于自然规律的“美与和谐”的信念，而为探索自然加上某种底线？对于一些理论物理学家来说，这种选择或许是唯一符合逻辑的做法。回顾过去几十年，物理学家们急于统一量子力学和相对论，得出一种可以描述一切的大统一理论，却又屡次失败，如今物理学的危机，或许只是一次对于人类信心的考验——或许人类还远没有理解这个宇宙，又过于急躁。对于人类来说，宇宙的美与自然性的回归，或许就源于某一次的意外发现。

冤屈的船长——谈伯努利原理

陈昱澍

1912年秋，当时世界上最大的轮船之一“奥林匹克”号邮轮，以每小时25千米的速度在大海上航行时，英国铁甲巡洋舰“哈克”号以每小时34千米的速度从后面追赶“奥林匹克”号，两船横向距离很小，只有100米左右。当“哈克”号巡洋舰刚刚追上“奥林匹克”号邮轮，船首与邮轮的船尾相并列后，巡洋舰好像突然被一只看不见的巨手推动，不再顺从舵手的操纵，竟自动扭转船头，几乎笔直地向邮轮冲去。随着“咔嚓”一声巨响，“哈克”号的船头把“奥林匹克”号的右舷撞出了一个大洞。事后，海事法庭对这一事件进行了审理。结果，“奥林匹克”号的船长被判做过失的一方，理由是他没有下令给冲过来的“哈克”号让道。此案就这样糊里糊涂地结束了。“奥林匹克”号的船长虽然感到十分冤屈，但对这奇怪现象又没有充足的理由提出申诉，只好打落了牙齿往肚里吞。

类似的海上事故在历史上还发生过多起。但是人们却无法解释这一奇怪的现象。

20 世纪初，一支法国舰队在地中海举行演习，“勃林奴斯”号装甲旗舰打出旗语，要求一艘驱逐舰驶近接受口头命令。看到旗语的驱逐舰高速驶来，然而，悲惨的一幕发生了，驱逐舰在“勃林奴斯”号右侧不远的地方突然向着装甲旗舰方向急转弯，然后猛烈撞在旗舰的船头上，被劈成两段沉没于海底。

1942 年 10 月，“玛丽皇后”号运兵船载着 15000 名美国士兵从美国出发开往英国。运兵船由“寇拉沙阿”号巡洋舰和六艘驱逐舰护航。在航行途中，与“玛丽皇后”号并列前进的“寇拉沙阿”号巡洋舰突然向左急转弯，与运兵船船头相撞，被劈成两半。

在上述几件海上事故中，驾驶舰船的船长和值班的舵手都是富有经验和认真负责的，他们都没有故意把舵打向对方，但最终却造成了两船相撞的后果，从而蒙受了不白之冤。

那么，到底是什么力量使两只船相撞的呢？我们可以从流体力学中寻找到答案。如果拿两张报纸，使它们相距 2 厘米左右，用力向它们之间的空隙吹气，就会发现一个奇怪的现象，报纸之间的距离不但没有扩大，反而在缩小。

1738 年，瑞士物理学家伯努利（1700—1782）在研究运动流体压强的时候，发现流体在管子里或者河沟里稳定流动的时候，当流经狭窄的部分时，流速会大一些，且在该处的压强减小；流体流经宽阔的部分时，流速会小一些，而压强增大，这就是伯努利原理。在上面的例子中，报纸互相靠拢的原因就在于报纸之间的气流流速快、压强小，与周围大气压形成压强差，所以，两张报纸在压强差的作用下向中间靠拢了。

两艘并排前进的船在水中行驶，船相对于水向前运动，根据运动的相对性，水相对于船向后运动，当两船相隔较远时，相当于水在宽阔的部分流动，船两侧的水的压强是相同的。当两船相隔较近并排前进时，两船之间的水就相当于在狭窄的通道里流动，流速就会加快，水的压强就减小，因而两船的内侧受到的压强比外侧小，这个内外压强差，使两船渐渐靠近，而且比较小的船移动得比较明显。愈是靠近，内外压强差愈大，最后导致了两船相撞。

在火车站里，列车员在列车即将到站或启动时，会要求在站台上的旅客站在安全线之外，这是因为飞速前进的火车周围的空气流速大，压强变小，人如果站得离火车太近，就有可能由于压强差作用而被吸往火车一侧，发生意外事故。据计算，火车用 50 千米 / 小时的速度行驶，站在车旁的人就会受到大约 8 千克力的吸引力，所以列车员的要求是有科学道理的，我们应当自觉遵守。

但是，运动流体的这种特性也不都是有害的，在很多情况下，聪明的人们可以利用流体的这种特性来为自己服务。比如,飞机能在空中飞翔，足球运动员能踢出漂亮的“香蕉”球,乒乓球运动员能拉出美丽的“弧圈”球，这些都是利用了运动流体的压强特性。

飞机的机翼上下弧度并不是对称的，人们把机翼设计成上面圆拱形、下面平直的形状，上翼面的弧度要大于下翼面，这样在飞机飞行时，流过机翼上方的气流速度比下方大，于是机翼下方的压强比上方大，产生了压强差，当压强差体现在翼面上的总压力差大于飞机重量时，飞机就可以飞上天空了。那么怎样使空气高速流过机翼呢？这就需要飞机有一个较大的相对于空气的速度，于是人就发明了螺旋桨和后来的喷气发动机，它们都能使飞机产生向前的运动，于是空气与飞机就有了相对运动，从而相对速度产生了。因此，航空母舰上的飞机为了在较短的跑道上起飞，通常是要调整航空母舰的航向，使飞机迎风起飞，这样可以获得较大的相对空气流速，机翼上下两面就能产生较大的压力差，使起飞距离缩短。同样，现代航空母舰上加装了起飞“弹射器”，其作用也是为了获得较大的空气流速。

如果你经常观看足球比赛的话，一定见过罚前场直接任意球。这时候，通常是防守方几个球员在球门前组成一道“人墙”，挡住进球路线。有时候进攻方的主罚队员，起脚一记劲射，球绕过了“人墙”，眼看要偏离球门飞出，却又沿弧线拐过弯来直入球门，让守门员措手不及，眼睁睁地看着足球进入大门。这就是颇为神奇的“香蕉球”。

为什么足球会在空中沿弧线飞行呢？原来，罚“香蕉球”的时候，运动员并不是拔脚踢中足球的中心，而是稍稍偏向一侧，用脚背摩擦足球，使球在空气中前进的同时还不断地旋转。这时，一方面空气迎着球向后流动；另一方面，由于空气与球之间的摩擦，球周围的空气又会被带着一起旋转。这样，球一侧空气的流动速度加快，而另一侧空气的流动速度减慢。由于足球两侧空气的流动速度不一样，它们对足球所产生的压强也不一样，于是，足球在空气压力的作用下，被迫向空气流速大的一侧转弯了。乒乓球比赛中，运动员在削球或拉弧圈球时，球的线路会改变，其道理与“香蕉球”是一样的。

真真假假谁知道

罗　声

三原色是红、黄、蓝，彩虹是七色的，太空中没有重力，人睡觉时消耗的能量最少……这些想当然的观点被不少人奉为真理，实际上却是未经证实的科学误区。想知道事实到底是怎样的吗？让我们走出误区，去看一看世界的真相吧！

三原色是红、黄、蓝吗

随便找一个小学生来问问，三原色是哪三种颜色？他们十有八九都会胸有成竹地告诉你：红、黄、蓝！是的，我们从小便被美术老师教导：红、黄、蓝是三原色，自然界里所有的颜色都可以由红、黄、蓝组合而成。红色加黄色变为橙色、黄色加蓝色变为绿色、蓝色加红色变为紫色……

但是，所有学过计算机的人又都知道，计算机里的三原色指的是红、绿、蓝，我们在电脑上看到的缤纷世界实际是由这三种颜色组成的。为什么会有两种不同的“三原色”呢？究竟哪一个才是对的？

其实，无所谓孰对孰错，之所以出现两种“三原色”，是因为人眼接收到的光线本来就有两种类型：一种是反射光或透射光，另一种是光源直接发出的光。

我们在自然界中看到的大部分物体都是因为反射光或透射光的作用，你看到花是红色的，是因为花瓣只反射红光；看到草是绿色的，是因为叶片能同时反射黄光和蓝光。在一个没有阳光和其他光线的房间中，所有的东西都是黑色的。其实，现实世界中的所有物体，包括地板、天花板、窗帘，在没有光线时，是不具备任何色彩特征的，只有在光照射物体时，我们才能看到万紫千红。在各种颜色中，白色是由所有色光混合而成，黑色则是没有任何光线反射出来的结果。

而计算机显示器上出现的色彩则是光源的作用。牛顿在 1666 年通过三棱镜观察太阳光，发现太阳光被折射后，分离出了不同颜色的光，此现象被称为色散。后经科学家继续深入研究，确立了光源的三原色理论。起先，光源的三种基本色光的选择并没有特定组合，唯一的标准是其中的一种颜色不可由另两种颜色相加而成，当然，三种基本色能配出越多颜色越好。后来，最符合条件的红、绿、蓝三种色光就被固定为光源的三原色了。

现在，我们知道，对于光源而言，三原色是红、绿、蓝；而对于反射光和透射光而言，三原色是红、黄、蓝。下次回答这个问题时，要注意区分了！

彩虹不止七色

日常生活中，经常会听到“七色彩虹”的说法。如果彩虹真是只有七色的话，那么每两种颜色之间应该有一条黑色的分界线。你仔细观察过彩虹吗？事实是这样吗？

其实，在美丽的弧形彩虹中，一种颜色到另一种颜色的过渡完全是逐渐的。在黄色和绿色之间，有浅黄色、深黄色、黄绿色、浅绿色、深绿色；在蓝色和紫色之间，有浅蓝、深蓝、蓝紫、浅紫、深紫……而眼睛对颜色的感知也是因人而异的，日语中甚至有一个专门的词“青绿色”，你用它形容青色也行，形容绿色也没什么不妥。

那么，为什么人们一直认为太阳光有七色、彩虹是七色的呢？这也来源于大科学家牛顿在1666年的那次实验。在这个问题上，牛顿表现得并不像严谨的科学家。在发现太阳的白色光可以被三棱镜“分解”成色彩缤纷的“彩带”之后，牛顿只是简单地把这条“彩带”截成七段，因为他觉得这样就和音乐中的七个音符一样简洁完美了。

然而，这种简单的七分法显然并不能涵盖所有的色彩，红、橙、黄、绿、蓝、靛、紫之间还存在着许许多多的中间色。

宇宙飞船中没有重力吗

我们常常在电视上看到宇航员“漂浮”在宇宙飞船的船舱中，不费吹灰之力地举起椅子，抓起空中的食物来吃，好像他们没有受到一点重力的影响。于是我们得出结论：宇宙飞船中完全没有重力。

其实，飞往太阳系的宇宙飞船也许没有重力，但沿地球轨道飞行的宇宙飞船并非如此。想想看，宇航员和飞船是在沿着轨道飞行——就是说，他们是在围着地球运动，并且正在朝着地球的方向下落。轨道飞行能够进行，并不是因为没有重力，相反，这恰恰是因为有了重力的作用。

当然，飞船不会像成熟的苹果从树上掉下来那样垂直下降，而是划出一道曲线。如果我们从山顶上扔一块石头，它在下降的时候也会划出一道曲线——正是所谓的抛物线。实际上，如果没有重力，石块应该一直沿着水平方向飞出去，正是因为地球引力的作用，它的轨迹才出现了弯曲。如果我们用更大的力量扔石块，它会飞出更远的距离，抛物线也就更长……如果我们能够从一座很高的山上用很快的速度投掷石块的话，它将做圆周运动，始终与地球保持相同的距离。

用火箭把飞船送上天，为的就是要在很高的高度、用很快的速度把宇航员“投掷”出去，让他们在一定的轨道上沿着地球做圆周运动。如果没有了地球引力的约束，宇航员们倒是要担心飞船永无止境地飞向茫茫无际的太空了。

星座有 13 个

星座是很多人感兴趣的话题，不少人相信星座能决定一个人的性格、爱情甚至命运。占星学是一门古老而又流行的学问，占星师们通常用黄道 12 星座来帮你预测运势。

黄道是太阳周年视运动在天球上的路径，也就是地球公转轨道平面延伸扩大而与天球相交的大圆。在占星学上，以地球南北极连接而成的线为轴心，黄道面被分为 12 个区域，分别对应着人生的 12 个不同领域，即黄道 12 星座。这 12 个星座依次为白羊、金牛、双子、巨蟹、狮子、处女、天秤、天蝎、射手、摩羯、水瓶和双鱼，每个星座均有其特定的象征意义，比如，白羊座象征新生的绿芽，表现出大地新生和欣欣向荣的景象；

双子座象征着二元性和内在的矛盾冲突；金牛座则象征外表温驯而内心充满欲望……

但是，你知道吗？通常所说的12星座其实与天文学上的黄道星座并非完全对应。事实上，黄道还经过第13个星座——蛇夫座，传说中它代表希腊药神，一个舞蛇的男子。大约4000年前，当古巴比伦人划分黄道时，为了使太阳出现在每个星座的时间与12个月相吻合，而只考虑了12个星座，蛇夫座一度被包含在天蝎座内。公元140年，在古希腊天文学家托勒密编制的一份目录中，蛇夫座曾以一个单独的星座出现过。

下次再与人讨论星座问题时，要记住了：占星师们的所谓黄道12星座与真正的天文学并不符合！

真正的相对论

李炳华

1937年夏，程开甲同时报考了国立交通大学机械系与浙江大学物理系，并被两校同时录取。浙大的录取通知书上写着“公费生”3个字，这让程开甲惊喜异常。

在浙大的4年，对程开甲影响最大的是束星北和王淦昌两位教授。

束星北教授和学生一见面，就以其幽默的讲课方式给学生留下深刻的印象。他认为学物理的要诀是：懂得道理，弄清原理。为了让学生们记住这一要诀，他出了这样一道考题：太阳吸引月亮的力比地球吸引月亮的力要大得多，为什么月亮跟着地球跑呢？程开甲严格地用牛顿力学原理计算出在太阳的作用下，地球与月亮间的相对加速度要比太阳与月亮间的相对加速度大得多，所以月亮只能绕着地球转。束先生给了他100

分，并从此对这个矮个子学生刮目相看，用心栽培。

束先生讲相对论，选修这门课的学生只有程开甲一人。于是，师生二人面对面地相互切磋、研讨，甚至争论。其他师生将这种教学模式戏称为“真正的相对论”。

王淦昌主持的物理讨论会也别开生面。他们经常就物理学的前沿问题做学术报告，做报告时听者可以提问和插话，有时甚至会发生争吵。束星北和王淦昌就常在报告会上争得面红耳赤。师生们从中体会到了真正的科研精神——抓住问题不放，认真，不盲从权威，坚持到底——这就是程开甲从大师们身上学到的东西。

专家和工匠的区别

吕志勇

太行山一景区的宾馆，门前做成了弧形的坡道，以方便小轿车上去下来。

可每到下雪天，坡上总会残留部分积雪。而这里的天气有点冷，很多时候，雪刚落下就冻在了地面上，如果这时正好有客人经过，人和车很容易打滑。

如果是住家，自然可以随时清扫，可在一个三星级的宾馆门前，老让人拿着扫帚站在那，极不协调。

宾馆经理接到门童的汇报，立即组织专家研究对策。专家团队集中了建筑、服务、礼仪等诸多方面的权威，经过多天研究，终于想出一个办法：在斜坡处安装红外线遥感系统，每当天气达到一定条件时，斜坡两边的护栏上安装的水龙头里，就会喷出盐水。盐及时融化了冰，地面不再滑，问题得到圆满解决。虽然前前后后花费了数万元，而且以后还要随时准备盐水，但经理认为很值得。

距这家宾馆几公里之遥的另外一个景区，也建了一个宾馆，是私营的。

下雪天，他们遇到了同样的问题。老板看见客人差点滑倒，就对负责接待的组长喊道："如果再让我看见客人下雪天在这里滑倒，你必须卷铺盖回家！"

组长找来一位工匠。工匠看了看，动手用铁凿子在坡道上凿出一条条的横纹。地面整体并没有被破坏，但人和车上下时因为有横纹防滑，再也没有出过问题。组长给了工匠 30 块钱，工匠高高兴兴地走了。

都是斜坡，因解决问题的人和方法不同，区别竟然如此之大。

神秘的北纬 30°

徐少杰

中国的钱塘江大潮、大西洋上的百慕大群岛、古埃及的金字塔和狮身人面像、北非撒哈拉沙漠的“火神火种”壁画……这些自然奇观历经沧桑，执著地矗立于这个星球的各个角落，同时又跨越时间，不约而同地云集在地球的北纬 30° 附近。在这奇观绝景比比皆是、自然谜团频频出现的北纬 30° 一带，每一种听起来近乎天方夜谭的神秘现象，都深藏于人类渴望被知识浇灌的心灵荒原。它吸引人们的不仅有令人惊叹的原始艺术价值，更在于它们都不容分辩地超越了历史，向人类的所有思维和想象力发出了无声而持久的挑战。

怪事频发的神秘地带——美国小镇的“魔幻森林”

在北纬30° 附近的美国加利福尼亚州旧金山的圣塔柯斯小镇西郊，有一块被森林包围着的弹丸之地。在那里发生的奇异现象一度让人怀疑地心引力的存在，地球重力场在该地的异样存在，带给科学家很多困惑。

人忽高忽低。在“魔幻森林”的入口处，有两块长约50厘米、宽约20厘米的石板，这两块石板仅相距40厘米左右。表面上这两块石板与普通石板并无差异，可人一旦站上去，其中一块石板能使人显得更高大，另一块石板却使人显得又矮又胖。而用水平仪测量的结果是两块石板同处于一个水平面上。

树向一边倒。“魔幻森林”中有一条坡度极大的羊肠小道，奇怪的是小道周围的树木都朝一个方向倾斜，游客行走在小道上，身体倾斜度几乎与小道斜坡平行，行人低头看不见自己的双脚，却能稳步向前行走。森林中有一间小木屋，人一旦进入小屋，身体都会自动向右倾斜，无论怎么努力，都无法将身体挺直。小木屋的一侧有一块向外伸展的木板，不论从哪个角度看去，木板都是倾斜的。可是当游人把高尔夫球放在木板上时，球却不向下滚，反而向上滚；如果用手将球推离木板，球不会垂直而落，而是沿着木板倾斜的方向掉下来。

人在壁上走。在小木屋里，人们可以在没有任何辅助工具的情况下，安然地站在房子的板壁上，甚至可以毫不费力地在板壁上自由自在地行走。如此的飞檐走壁术，即使是训练有素、身怀绝技的杂技演员，也望尘莫及。

鄱阳湖的“魔鬼三角”

从最东端的杭州湾，到风景奇绝的黄山；从气势磅礴的长江三峡，到苍苍茫茫的神农架，北纬 30° 横贯整个中国大陆腹地，由西向东穿越西藏、四川、重庆、湖北、湖南、江西、安徽、浙江等几个省区市，整个地带高山藏幽谷、深湖隐玄机，再加上无数被岁月掩埋的沧桑之变，中国的北纬 30° 上令人费解的奇景谜团亦十分众多。

1945 年 4 月 16 日，日本运输船“神户丸”号行驶到江西鄱阳湖西北老爷庙水域时,突然无声无息地失踪（沉入湖底）,船上 200 余人无一逃生。其后，日本海军曾派人潜入湖中侦察，下水的人除了山下堤昭，其他人员全部神秘失踪。山下堤昭脱下潜水服后，神情恐惧，接着就精神失常了。抗战胜利后，美国著名的潜水专家爱德华·波尔一行来到鄱阳湖，历经数月打捞一无所获，除了爱德华·波尔，几名美国潜水员同样在这里失踪。

40 年后，爱德华·波尔终于向世人披露了他在鄱阳湖底失魂落魄的经历。他说:“几天内,我和 3 个伙伴在水下几千米的水域内搜寻‘神户丸’号，没有发现一点踪迹。正当我们沿着湖底继续向西北方向寻找时，不远处忽然闪出一道耀眼的白光，飞快地向我们射来。平静的湖底顿时出现了剧烈的震动，一股强大的吸引力将我们紧紧吸住。我头晕眼花，白光在湖底翻卷滚动，我的 3 个潜水伙伴随着白光的吸引逐流而去，我挣扎出了水面……”

神秘的北纬 30° ，地震、海难、空难等时有发生。人们习惯把这个区域叫做“死亡漩涡区”。史料记载，中国的西藏地区共发生过大于里氏 8 级的地震 4 次，里氏 7 级 ~7.9 级地震 11 次。16 世纪以来，闻名于世的百慕大三角区共失踪了数以百计的船只和飞机。2008 年 5 月 12 日发生的四川省汶川县里氏 8 级大地震震中在北纬 31° ，离北纬 30° 很近，震及北纬 30° 的地方，建筑物均被破坏。

尚在探索的悬疑

北纬 30° 地带频频发生的神秘事件，有人认为是外星人访问地球所留下的痕迹。也有很多人相信，在现代人类文明之前，曾经出现过一届高级人类的史前超文明，他们也许毁灭于一场核大战或者是巨大的自然灾难。亿万年的沧海桑田几乎抹去了一切文明痕迹，仅留下极少遗物，成为如今的不解之谜。也有人认为，前一届高级文明的毁灭，是因为地球气候的周期性变化，或者因为地球磁场的周期性变化。太阳系运转到宇宙空间某个特定位置时，地球上将会周期性地出现不适合生物生存的气候。6500 万年前恐龙的灭绝便是一个例证。地球的这种周期性气候变化会导致高级生物的周期性出现和进化。

地理学家认为，从自然条件看，北纬 30° 这条温度带处于亚热带和温带的过渡地带，应该说是最适宜人类生存的地带。那里的降水相对比较丰沛，植物相对比较茂盛，温度也比较适合人类生存，尤其是在生产力水平比较低的情况下，人可以靠自然的供给生存，获得良好的发展。在这种情况下，早期文明就容易在这个地带发展起来。

地理学家的分析为北纬 30° 线上高山深谷、物种繁多等自然与人文奇观找到了一些答案。对于北纬 30° ，地质学家看问题的角度又有所不同："地球在旋转的过程当中，如果它的速率有变化的话，它的整体就会发生一些变形，加快的时候是两极稍稍压扁，赤道附近稍稍膨胀;反过来，就是两极稍稍伸展，赤道一带压扁。它的交替，就会造成地球一定纬度上的一些地质作用的出现。"

还有一种玄妙的学说，从更奇特的角度诠释了北纬 30° 线上种种神秘的现象："人体是一个小天地，人本身就是一个小宇宙、小地球，那么整个地球、整个宇宙就是一个大活体。中国古人就用道家的修真图来表现人是一个小的宇宙，24 个节气中的夏至、小暑、大暑、春分在人体当中都有所表现，人体当中的心、肝、肺都和天地之间的大活体有关系。地球本身就是一个活体，中国古代就把它看做是阴阳结合的有新陈代谢的活体，这样的活体必然有一些敏感地区，就像我们人的身体上有经络穴位。这些敏感地区恰好是在地球从赤道到极地的 1 / 3 处，也就是地球的 30° 线附近，恰如人体的丹田部位，这个丹田部位恰巧是人体的命门所在，是肾脏等一些重要器官所在的地方。"

各种观点见仁见智、各不相同，有的听起来甚至有点"离经叛道"，但这当中不乏智慧的光芒。众说纷纭中的诸多猜测，不知距离我们揭开北纬 30° 的神秘面纱还有多远。

世界末日：破产的预言

何映宇　刘晓立

多少预言是浮云

不知道是当时的人们愚昧还是智商低，连母鸡预言家这样的角色都开始撼动江湖。

1806 年，英国利兹的一颗鸡蛋让整个城市陷入绝望之中。那一年，利兹城里的一户人家养的母鸡产下一枚鸡蛋，此鸡蛋非同凡响，上面居然有“救世主要回来了”的英文字样！天哪，这个世界是不是即将迎来末日？所有信仰救世主的人们都在自己的胸前画着十字，有的甚至浑身颤栗，祈求上帝的宽恕。

但是教廷对此将信将疑，他们觉得一只母鸡如果真能产下有字鸡蛋的话，那么它的“小肚鸡肠”里一定藏着某种刻刀。研究的结果表明，鸡没毛病，但是母鸡的女主人很有恶搞精神——她对资本主义初期工业发展之后河流污染、尘雾弥漫的景象深恶痛绝，她害怕大工业的钢铁机器毁灭乡村生活的宁静，于是拍脑瓜想出了这一招，结果没想到引起这么大的轰动，整个英国乃至欧洲大陆都被震动了，甚至在谎言被戳穿之后很久，外国许多边远地区的居民对此还深信不疑。

家庭主妇只能骗骗小孩子，这种小儿科的把戏迟早要被戳穿。可是如果是一个具有公信力的公众人物在电视上对所有观众郑重其事地说：“世界要毁灭了！”你会怎么想？会不会立即破门而出痛哭流涕？会不会让整个国家陷入崩溃的边缘？

美国人帕特·罗伯逊就唯恐天下不乱。他是一名传教士，而且拥有一家私人电视台。据说这名传教士之所以要办电视台，是因为有一天，上帝降临在他的面前，没有教会他如何复活的本领，却要求他去办一家电视台，而且指定了地点：弗吉尼亚州。于是，他和妻子黛蒂·罗伯逊以及3个孩子遵从上帝的旨意从纽约出发，跑到弗吉尼亚州，找到了一家几个月前刚刚破产的电视台。他对他们说：“是上帝派我来买电视台的。”还能说什么？破产无奈，上帝最大。所以罗伯逊很顺利地拿下了这家小型地方电视台。

他自己主持的电视节目“700Club”深受观众的欢迎。事实上，他主持时并不刻意传播基督教教义，可是在1980年5月的那一天，所谓不鸣则已，一鸣惊人，罗伯逊在“700Club”中向他的美国观众大声宣布，他又见到上帝了，上帝告诉他一个严肃到让人窒息的消息：“我向你们保证，这个世界将在1982年年末迎来最终审判。”

天主教和基督教新教教会都反对他的预言，认为除了上帝本身之外，不可能有其他人知道世界末日真正准确的日期。而罗伯逊的信徒则早已万念俱灰，他们卖尽家产，等待着世界毁灭的那一可怕时刻到来。时间一分一秒地过去，很快，1983年新年的钟声敲响，世界安然无恙，生老病死各安其命，没有什么异常出现，谣言不攻自破。

很多人猜测罗伯逊散布谣言的真正目的，是一次精心策划的收视率炒作，还是精神异常的发作？没有人知道。随着这一轰动美国的大丑闻落下帷幕，罗伯逊和他的“700Club”也成为明日黄花，落入岁月的故纸堆中。

罗伯逊的追随者只是经济上有些损失，可是“上帝之门”的信徒却因为听信了这种莫须有的世界末日言论而集体自杀。“上帝之门”，是美国圣地亚哥UFO组织。他们长期研究UFO，相信外星人隐藏在彗星尾部的说法。此说法荒诞不经，毫无科学根据，在没有彗星造访时倒也无碍。但是，碰巧，1995年亚利桑那州的天文学家波普发现了一颗从未发现过的彗星，与此同时，新墨西哥州的海尔也在观测时发现了这颗闪亮的彗星，于是，国际天文学联合会就以这两位天文学家的名字将其命名为“海尔—波普彗星”。由于海尔—波普彗星的公转周期约为3000年，所以此消息甫一爆出就成为当年天文观测爱好者最热门的话题。一个名为阿尔特·贝尔的电台主持人添油加醋的介绍则使很多不明真相的大众开始紧张起来，他说：“这次彗星的造访可能和外星人有关。”恐慌在蔓延，此时，“上帝之门”组织郑重宣布：世界末日到了！

性质变了，事态从好奇一下子升级为绝望。“上帝之门”成员中的39名极端分子，由于思想中毒太深，陷入极端的恐惧中，最终选择自杀解脱，一了百了。死者不能复活，但愿他们上了天堂，否则太不值了，因为彗星过后，什么事都没发生。

霍金的话是否可信

外星人会不会入侵地球？玛雅人关于2012年12月21日世界末日的预言是否会兑现？玛雅人的预言人们未必在意，可是号称爱因斯坦之后最伟大的科学家霍金说出来的话可是不能当耳旁风的。2010年4月，他在“探索频道”参与录制纪录片《与霍金一起了解宇宙》时声称外星人肯定存在，之后，他在接受美国著名知识分子视频共享网站BigThink访谈时说，地球将在200年内毁灭。如果不是霍金病得不轻说胡话，就是他经过了复杂的数学计算道出了某种真相。

此话倘若为真，不要说英国这个弹丸岛国，就是五洲四海的兄弟们齐上阵，200年内要将地球人全部移民到外星球，恐怕也是八字没一撇的事。

黎 青｜图

纵然是泰斗如霍金者，也大有不信邪的人加以驳斥。同济大学文化批评研究所的殷志江博士就对那些末日预言嗤之以鼻："我不相信有世界末日。如果有末日，末日之后是什么？所以，如果有所谓的世界末日的话，那也只是人类的末日，如果我们不以人类为中心来看待这个世界，末日也就不复存在。应该看到，对世界末日的预言和恐惧感，大多来自西方，就中国的传统而言，中国文化很少考虑末日方面的问题。"西方影视剧中充斥着关于星球大战、外星人入侵和气候灾难的可怕想象。按理说，二战导致的死亡和损失要远远超过战后和平时期，但是，为什么在人民安居乐业的大背景下，伴随着宇宙现象的逐步揭秘，人们反而感到从未有过的紧张和焦虑？当迷信远去，对于宇宙的恐惧是与人类宗教信仰的缺失成正比的，而工业文明正在制造一种悖论：我们在改善着我们的生活，同时，这种生活又在毁灭我们。说穿了，那些丑陋无比（为什么外星人或者死神就不能长得像安吉丽娜·朱莉那样性感迷人呢？）的怪物仍是无所不在的我们内心恐怖欲望的化身。

各种末日预言的层出不穷，既是自然环境恶化的必然反映，也是人类对科技革新充满怀疑、对未来充满恐惧的内心表现。这种预言与其说在设置一个必然要爆炸的定时炸弹，毋宁说是在时刻提醒我们，我们与自然的关系需要认真地改善。

洗番薯比世界末日重要

我们记忆中影响最大的应该是1999末日预言吧。当时"九九大劫"的谣言接连不断，一些占卜者和预言家说1999年7月世界末日将会降临。接着，7月的恐慌刚刚结束不久，又有谣言说"卡西尼"号将撞上地球，释放出它携带的放射性燃料。末日恐慌达到空前绝后的程度，连当时才上小学五年级的我都因为《樱桃小丸子》中关于诺斯特拉姆预言的那集吓得惴惴不安。

结果，1999 年除了电脑千年虫，什么都没有发生。但人类总是会接二连三犯同一个错误。当玛雅文明的预言中说 2012 年 12 月 22 日的黎明将不会到来，人们再一次陷入 2012 世界末日的恐慌之中。预言跟风之作《2012》把这个消息告诉了全世界人民，于是强大的网民又从《圣经》《易经》《推背图》等古书中找到了关于 2012 世界末日的不祥暗示。网上甚至出现了深蓝儿童预言的末日时间表，好事者将全球发生的灾难与时间表比对，竟然有不少条目能够吻合。

玛雅长老赶紧出来辟谣，解释玛雅文明的末日预言只是说地球会发生完全的变化，进入新的时代，并没有说世界将毁灭。美国国家宇航局（NASA）也表示，科学家认为 X 行星根本不存在，不可能在 2012 年撞上地球。但是似乎没有人理会这些辟谣言论，当 NASA 宣布有大消息要公布的时候，所有人期盼的还是 UFO 和世界末日的最新消息。

当然，虽然人们如此关注 2012，但大家也只是将它当做茶余饭后的消遣。大喊着"2012 我要以有房族的身份死去"的房奴以及大喊着"2012 我要以研究生的身份死去"的考研族等等，不过将世界末日当做排遣压力的手段而已，世界末日所带来的兴奋感远比它本身要刺激得多。

就像某个网友说的："看 2012 的帖子就像打了鸡血一样。"

世界末日对我们来说可能不过是提醒我们过好当下的便笺，就像小丸子的妈妈说的："跟世界末日相比，洗番薯比较重要。"

被专利毁掉的莱特兄弟

李泽汇

20 世纪初，充满想象力同时又极具创造力的美国莱特兄弟第一次飞上蓝天，圆了人类数千年的飞翔梦。可他们在造出飞机以后，不是用心钻研怎样继续提高飞机的性能，反而是生怕别人偷去自己的技术，把全部的时间和精力都花费在申请专利上。

莱特兄弟把飞机锁在库房里，不向任何人透露飞机的设计方案。美国政府曾同他们商量，希望能进行一场飞行表演，然后决定是否购买他们的飞机。莱特兄弟却要求先付钱，再检测飞机。美国政府当然不愿意。当时飞机坠毁事件常有发生，不进行飞行表演便无法检验飞机性能。尽管失去了这次机会，但莱特兄弟依然不肯让步，他们觉得，试飞会让他人窃取技术。

当时的飞机经常坠毁，是由于飞机无法随高空气流的变化而调节机翼。莱特兄弟率先采用翘曲机翼来实现对飞机的操控，使飞机在高空保持平稳飞行。莱特兄弟为这一设计申请了专利，无论谁制造的飞机采用这种设计方案，都必须向他们支付一笔天价费用。

当时有人设计出更为先进的飞行控制方案，使飞机性能大大提高，但没有向莱特兄弟支付专利费。莱特兄弟认定这是侵权行为，将竞争对手和一些飞机生产厂商告上法庭。在打官司的过程中，飞机制造技术和飞行性能不断被改进，这样就导致法院审判时间的延长——每进行一次技术革新，法院就得重新审理。于是，莱特兄弟把所有的精力都投入官司中。

1914 年，美国法院做出判决，莱特兄弟被称为“航空事业的先驱”，所有在美国生产的飞机，都必须向莱特兄弟支付 20% 的专利金。

不久后，第一次世界大战爆发，美国飞机因为受到莱特兄弟诉讼协议的制约，飞机性能十分落后，数量也远远不足，美国政府只能从法国购买飞机。

最终，美国政府给莱特兄弟发了 200 万美金作为一次性补偿，然后将专利费降至 2%。专利战结束后，美国的航空业才得到发展，在第二次世界大战中期赶上欧洲各国水平。

莱特兄弟确实因为专利赚了钱，但因为他们的技术早已落后于世界水平，从 1915 年开始，他们就没有卖出过一架飞机。

一味防御地保护专利，在对手面前并不见得有多么强大，最好的专利保护在于永恒的创造和创新。

科学史上的非主流事件

丁 一

科学是神圣的，但科学家绝非不食人间烟火的圣人。即使是那些青史留名的科学天才们也有着凡夫俗子的一面。他们有时的表现甚至与世人眼中科学家客观公正、冷静理性、刚直不阿、富有责任感的正面形象相去甚远。

伽利略无视潮汐的观测事实

伽利略在向教皇乌尔班八世解释潮汐现象时曾经言之凿凿地表示，潮汐是地球绕太阳公转和地球自转双重作用下形成的现象。虽然开普勒早在此前30年就已明确指出潮汐现象与月亮有关，但伽利略根本听不进不同意见。根据伽利略的计算结果，潮汐每天只发生一次，可事实上海水明明每天涨落两次。即便如此，执拗的伽利略仍坚持己见，并将这种错误观点写进了《关于托勒密和哥白尼两大世界体系的对话》一书中。

爱因斯坦没有严格证明质能方程式

1905 年 9 月，爱因斯坦在其发表于《物理年鉴》上的一篇论文中首次提出 $E=mc^2$ 这一著名的质能方程式。论文发表后没多久，《物理年鉴》的编辑马克斯·普朗克注意到其中存在缺陷：爱因斯坦把低速物体的运动规则套用在高速运动的光子身上。普朗克把这一发现写进了一篇论文里，但爱因斯坦根本不理会普朗克的意见。之后的数十年时间里，他始终坚持自己的思路。偶尔，他也会在论文的脚注里说明：这并不是严格的证明。

1946 年，有数学家对这个方程式进行了严格的证明。于是有人说，尽管这个方程式是爱因斯坦最先提出来的，但并不属于他。爱因斯坦对此说法很不满。话虽如此，可能终究有些心虚，爱因斯坦最终还是没能鼓起勇气把这一大名鼎鼎的方程式写进 1949 年出版的自述中。

福斯曼靠哄骗完成心导管插入术

现在世界上每年接受心导管插入术的患者数以百万计，然而在 80 多年前，想要实施这种手术，即用导管以穿刺的方式从皮下插入血管中，并由主动脉或静脉回溯到心脏，无疑会令人胆寒。没有医生敢冒这个险，除了沃纳·福斯曼。

当时，福斯曼在德国柏林一家医院担任实习外科医生。为了利用医院手术室中的无菌设备进行心导管插入术实验，他想方设法与相关人员套近乎。他使出浑身解数，用花言巧语接近一名掌管手术室钥匙的护士，最终不仅成功说服她为自己打开手术室的门，还让她心甘情愿做自己的首个实验对象。不过，福斯曼最后并没有选择在这位护士身上下手。进入手术室后，福斯曼立马将她五花大绑在椅子上，随即在自己身上实施心导管插入手术，并用X光仪拍摄记录下了相关过程。凭借心导管插入术，福斯曼获得了1956年诺贝尔生理学或医学奖。

克里克与沃森曾剽窃他人数据

弗朗西斯·克里克和詹姆斯·沃森由于发现了DNA双螺旋结构而荣获1962年诺贝尔生理学或医学奖。当年，为了赶在另一位美国化学家之前破解DNA结构之谜，克里克与沃森曾经不择手段地从同事那里窃取所需数据。两人的这种行为让其同事愤慨不已，但他们自己倒并不怎么在意。事后克里克还曾多次公开表示对这种愤怒指责的不屑一顾。1979年，面对舆论对于两人涉嫌窃取他人研究成果的指责，克里克坦然宣称，一流的科学家就应该有点冒险精神，如果畏首畏尾将难成大事。

诺贝尔奖的遗憾

佚　名

捡“芝麻”丢“西瓜”

爱因斯坦发现光电效应　1921 年，诺贝尔奖委员会在公告中说，由于爱因斯坦发现了光电效应，所以决定把本年度的物理学奖授予他。许多科学家认为，光电效应的科学意义无法和相对论相提并论。因此，科学家们认为，不是爱因斯坦不够格，而是诺贝尔奖委员会选错了奖励项目。

费米证明经中子轰击产生新的放射性元素　1938 年，诺贝尔奖委员会公布，基于证明经中子轰击产生新的放射性元素授予费米诺贝尔奖。争论的焦点不在于费米是否该得奖，而同样在于选择哪项成果作为授奖依据。费米是 20 世纪杰出的科学家，贡献是多方面的。对此，费米本人也不满意。在颁奖演说中，他指出了自己工作不足的地方：哈恩和斯特拉斯发现，在衰变过程中，放射性铀产生的钡，由此必须重新认识超铀元素。把新元素研究和原子核反应研究一起当做费米获奖的理由，显然不妥。

斯维伯格研究布朗运动　对于斯维伯格的奖，也是持异议者多。1926年，诺贝尔奖委员会授予他化学奖，以肯定他在布朗运动研究方面的成就。可是，在颁奖仪式上，斯维伯格演讲时，一句也没有提及布朗运动研究。众多科学家认为，斯维伯格关于布朗运动是一种振动的观点，不可接受。他的科学贡献中最大的成果是发明了超速离心机。这个机械是现代分子生物学的关键设备，对分子生物学产生了重大影响。

科赫治疗结核病　1905年，诺贝尔生理学或医学奖授予德国伟大的医生科赫。在世界生物学界，对于选择结核病的研究成果授奖，许多人持异议。1876年，科赫找到了炭疽病的病因；1882年，科赫发现了结核病菌；1884年，他又确认了霍乱病菌；1896年，他在南非战胜了口蹄疫；1898年赴意大利考察儿童疟疾等等。由此可见，这位内科医生在治疗传染病方面确实功勋卓著。但是，作为科学家，科赫的贡献不仅是治疗结核病等传染病，而是确立了现代细菌学的方法，显然，他创立的确认病菌的方法、确定病因的原则都比结核病研究要重要得多。因此，授予科赫诺贝尔奖无疑是正确的，但是选择结核病研究作为获奖的科学贡献是失当的。

选错了授奖对象

1923年，诺贝尔生理学或医学奖授予了两位科学家，一位是加拿大的巴丁，一位是苏格兰的迈克劳德。颁奖后不久，科学家们提出了异议。

因为在进行胰岛素实验时，作为所长的迈克劳德根本就不在现场，更激起公愤的是，诺贝尔奖把巴丁的真正合作者贝斯排除在外。这是多么的不公平！

1926年，诺贝尔生理学或医学奖授予了丹麦的费比格，以肯定他发现了致癌寄生虫。这早已是公认的错误。另一些得主是否确有资格得奖都有疑问。

1918年的化学奖颁给了费里茨·哈伯。他在第一次世界大战期间发明了毒气，战争中死于毒气的人不计其数。哈伯自己在战后都感到罪孽深重，以至于怕被人认出来而故意蓄起了胡子，并到国外去避了一段时间的风头。

1949年医学奖的共同获奖人之一、葡萄牙人伊加斯·莫尼兹的贡献是开创了脑叶切除手术。但行家认为，他在1936年出版的一本关于脑叶切除手术的小册子对手术效果的介绍含有夸大不实之词。他说手术不影响患者的智力和记忆，而事实上约有一半的患者术后有意识和行动上的障碍，如感情冷漠、行动迟缓、神经紧张、失去方向和时间感等。

1952年的生理学或医学奖只授予了瓦克斯曼，这是违法的。因为早在两年前，美国法院已做出判决，夏芝是瓦克斯曼的全面合作者，他们共同发现了链霉素。对此，美国报刊进行了充分报道。然而，诺贝尔奖委员会居然说不知道。这本身也成了轰动世界的新闻，许多国家把它登在报纸头版头条。

无缘诺贝尔奖的科学家

门捷列夫　早在诺贝尔奖首次颁奖的前32年，俄国科学家门捷列夫发现了元素的周期排列规律。从此以后，世界上所有科学课堂都讲授这个内容，这是多么巨大的科学发现。可是，诺贝尔奖评委会始终没有授予他任何荣誉。这位1905年诺贝尔奖的候选人，在1906年又以一票之差与诺贝尔奖无缘。1907年，他告别人世，给诺贝尔奖留下无法弥补的遗憾。

厄万斯　现代内分泌学科的创始人厄万斯33岁就成为加利福尼亚大学教授、美国科学院院士，他不但确定了老鼠的生长激素、发情周期，而且发现了抗不孕的药物——维他命E。这些成就举世公认，诺贝尔奖评委会也承认:“即使与其他人竞争，他失败了，但也是值得获诺贝尔奖的。”可是，值得并不等于现实。

阿维利　1944年，阿维利证实DNA是遗传物质，这是20世纪生物科学的重大发现，现代生物学正是建立在这个基础之上。在此之后，建立DNA分子结构模型的科学家获得了诺贝尔奖；阐述DNA生物合成机理的科学家获得了诺贝尔奖；发明DNA复制技术的科学家也获得了诺贝尔奖。可是，DNA的发现者或确定者始终没有被授予诺贝尔奖。阿维利完成这项惊世之作时已经67岁，当诺贝尔奖委员会认识到他的发现伟大之时，他已经谢世了。

身在屋檐下，还是不低头

王　波

一声枪响，让刚刚下课的美国霍普金斯大学校园顿时陷入恐慌之中。詹姆斯·弗兰克教授惊魂未定，发现身旁的学生倒在了血泊中。

53 岁的教授转瞬间便明白了是怎么回事，立即躲进了附近的教室里。事后的调查印证了他的判断：对方暗杀的对象并非学生，而是教授本人。暗杀行动的幕后指使人，则是希特勒。

时间是 1935 年，犹太人弗兰克在两年前从柏林逃亡到这里。当时，逃到捷克斯洛伐克的西奥多·莱辛教授，在马里安巴德被纳粹暴徒跟踪暗杀。弗兰克没有料到，他们会越洋过海跟踪到这里来。

但在纳粹政权看来，暗杀弗兰克值得他们如此下血本。这位 1925 年的诺贝尔物理学奖得主，在第一次世界大战期间，还获得过铁十字勋章。

孙 愚｜图

1933年，希特勒当权后开始实行种族政策，很多犹太人失去了工作，被迫逃亡。考虑到弗兰克在德国的名望，希特勒允许他继续在哥廷根大学任教，但前提条件是，弗兰克必须辞退身边的非雅利安人。

纳粹分子们原本以为身在屋檐下的弗兰克，会低头接受希特勒的条件。然而，教授不仅立即辞去教职，还发表声明质疑和反对。离开时，他还拒绝将自己的研究成果中与核能有关的部分交给纳粹的科技人员。

希特勒下令正式批捕这位著名的物理学家。好在实施逮捕之前，弗兰克已经携家人从丹麦辗转到了美国。恼羞成怒的希特勒决定实施暗杀。

其实，作为德国著名银行家的儿子，弗兰克在逃亡前一直过着养尊处优的生活。19岁那年，弗兰克进入海德堡大学学习化学，由于过度贪玩和自以为是，他遭到了老师的批评。在年轻的弗兰克看来，老师的斥责，严重伤害了他的自尊心。一气之下，他决定转学到柏林大学。

转学之后，他幡然悔悟，通过自己的努力获得了博士学位，并最终在柏林大学获得了一份教职。

在那里，他与赫兹合作，研究电子与原子、分子间的碰撞。他们的碰撞实验，成为能量转变量子化特性的第一个证明，也是丹麦物理学家玻尔所假设的量子化能级的第一个决定性的证据。

但当玻尔在1915年提出这一论点时，弗兰克和赫兹则在论文里声称，自己的实验结果并不符合玻尔的理论。直到1919年，在仔细研究了玻尔的理论后，弗兰克改变自己之前的看法，同意玻尔的观点。

这次低头，最终让弗兰克和赫兹发现了原子受电子碰撞的定律，更在6年后，让他们成为诺贝尔物理学奖的得主。

只是这枚诺贝尔奖牌，弗兰克无法保留太久。在逃亡丹麦期间，德军入侵丹麦。为了避免奖章被德军掠走，匈牙利化学家乔治·德海韦西将弗兰克的诺贝尔奖章用王水溶解掉，溶液放在玻尔研究所实验室的架子上。

此后，弗兰克在芝加哥大学担任物理化学教授，大部分时间用来研究光合作用。当美国决定实施“曼哈顿计划”后，弗兰克也成为参与研究制造原子弹的一员。不过，这个流亡者还有另外一个身份——“关于原子弹的政治与社会问题委员会”主席。

作为一名核物理学家，他深知原子弹的威力，并没有因为寄居在异国的屋檐下而低头沉默。他牵头组织一批核物理学家联名上书，明确反对用原子弹对付日本。因为“使用原子弹固然可以获得军事上的某种收益，但与因此而激起全世界的恐怖和厌恶相比，还是得不偿失的，并将在战争结束后助长核军备竞赛”。

在美国向日本广岛投掷原子弹的两个月前，弗兰克所在的委员会发布了著名的关于原子弹军事应用问题的《弗兰克报告》。这份报告最终没能阻止军方的决定，但他所预言的战后核武器对峙局面，很快便成为现实。

那瓶溶解着弗兰克的诺贝尔奖章的溶液，此时被德海韦西从实验室的架子上小心翼翼地端了下来。溶液中的金被提取出来，诺贝尔评奖委员会将其重新铸造成奖章，佩戴在弗兰克的胸前。他的祖国，后来也将普朗克奖章挂在他胸前。

1964 年，这个当年躲过了暗杀的人，重返祖国访问故人，不幸逝世在旅途中。在故人们的记忆里，“他是一个迷恋科学、诚恳善良、态度温和的人”。只是“温和”并不代表“温驯”。这个温和的人，即便站在屋檐下，也不曾就势低头。

只用科学侍奉上帝

王　波

1857 年，维多利亚女王准备册封一人为爵士。不过，这个名叫迈克尔·法拉第的人拒绝受封，没给女王仿效先人的机会。

1706 年，安妮女王曾册封牛顿为爵士。历史上最伟大的科学家欣然接受的东西，在法拉第这里却一文不值。

同年，英国皇家学会会员选法拉第为会长，也遭到法拉第本人的谢绝。

“我父亲是个铁匠，兄弟是手艺人。曾几何时，为了读书，我当了书店的学徒。我叫迈克尔·法拉第，将来我的墓碑上，只需刻下这个名字。”法拉第告诉妻子莎拉。66 岁的法拉第并非已将名利看透，而是名利根本就不是他的追求。

铁匠共有 10 个子女，家境困顿。上了短短两年学后，法拉第不得不中断学业，去做装订学徒。利用装订书报的机会，他接触了多方面的知识。年轻人越来越相信科学家在某些方面比其他人要纯洁和高尚。他想做一名科学家。只是，这条路对一个 21 岁的学徒来说，似乎太过遥远。

一切因为一位好心顾客赠送的门票而改变。1812 年，法拉第拿着获赠的贝克林讲座的门票，赶到英国皇家学会，聆听了英国著名化学家汉弗里·戴维的讲座。他把讲座内容做了详细记录，并精心为其加入彩色插图，一本 386 页的笔记很快完成。在装订好之后，它被送给学会会长。

法拉第最终没有等来会长的答复，便把笔记寄给在皇家研究所的戴维本人。因感染伤寒正在疗养的戴维，看到笔记颇为感动。一番等待之后，次年，法拉第拿着比学徒还低的薪水，成为研究所的实验助手。

戴维夫妇周游欧洲时，法拉第以化学家助手和秘书的身份随行。但在戴维太太眼里，法拉第不过是一个年轻的仆人，赶路时他需要坐在马车外，吃饭时则需要和佣人在一起。

这次感觉不舒服的旅行结束后，法拉第利用自己的实验天分，协助戴维发明了矿工安全灯。有人将这灯和滑铁卢战役并称为“1815 年英国的两大胜利”，但在法庭上宣誓作证时，法拉第毫不客气地指出灯还有一些缺点。这令戴维颇为不满。

研究改进后，这种后来挽救了无数矿工性命的灯，被称为“戴维灯”，很少有人意识到，在灯光背后，也曾有法拉第奉献出的光和热。

1821 年，新婚的法拉第给人类带来了第一台电动机，并为此发表了论文。不过，他很快就后悔了，他意识到在论文中没有提及戴维和威廉·沃拉斯顿。后者也做过类似的实验，只是失败了。

被助手忽视，戴维有些难以容忍。3 年后，法拉第在被提名为皇家学会会员时，只有一人投反对票。反对者正是会长戴维，他提名的却是当

李晓林 ┆ 图

年同样被法拉第疏忽的沃拉斯顿。不过，在戴维去世之前，有人问他这一生最大的成就是什么时，这位发现了 15 种元素的“无机化学之父”说：“我一生最大的成就，是发现了法拉第。”

当选为会员后，法拉第依旧像往常一样，埋头在实验里。在那里，液态氯、苯等化学物质先后被发现，发电机、变压器等陆续被发明，而电化学的两大基本定律、电学和磁学的相关理论也被一一确立。

除了皇家研究所主席的邀请，他通常回避其他交际活动。而每周日，他总会去教堂。在那里，他与妻子相识、相爱。1860 年，法拉第再次拒绝担任皇家学会的会长。在法拉第眼里，“上帝把骄矜赐予谁，那就是上帝要谁死”。

据说有一次，听完演讲的维多利亚女王和皇室成员，在热烈的掌声中等待法拉第返场致谢，却一直不见他的人影。原来演讲人早已从后门溜走，赶去看望一位处于弥留之际的老太太，陪她走完人生的最后一段路程。

也正是在 1860 年，已饱受多年思维暂时混乱和记忆力衰退之苦的法拉第，坚持做了人生的最后一次圣诞演讲。这个由法拉第发起的“为孩子们的圣诞演讲”活动，一直延续到今天。

而他担任时间最长的职位，是港务局科学顾问，负责维护水路安全和检查灯塔。从 1836 年被提名起，他一直做到了 1865 年，这也是他辞去的最后一个职位。他一生的信件，有 10% 与这个职位有关。

“当我读到您在科学上的发现，我深感遗憾，我过去的岁月浪费在太无聊的事情上了。”在一封来自圣赫勒拿岛的信里，犯人拿破仑写道。

法拉第也曾有机会做“无聊”的事情。1853 年，英俄克里米亚战争爆发。英国政府询问法拉第可否制造用于战场上的毒气，科学家回答，技术上可以，但本人绝不参与。

尽管一再被拒，皇室和政府仍旧在威斯敏斯特教堂牛顿墓旁，给法拉第预留了墓地。这次，法拉第还是拒绝了。

1867 年 8 月 25 日，已经失去记忆的法拉第在椅子上安然离世。在他的葬礼上，妻子莎拉宣读了他的遗言：“我的一生，是用科学来侍奉我的上帝。”而他的墓碑上，只写着他的出生年月和名字。

如何科学地聊足球

郭　亮

足球是一个团体性的竞技项目，几乎所有的进球，都得靠团队共同努力。如果想凭一己之力扭转乾坤，取得胜利，只有一种方式——任意球得分。在足球场上，能够靠任意球直接破门的球员，相当于武侠小说中行走江湖的刺客，杀人于无形。而他们凭借的利器主要有两种——香蕉球和电梯球。

香蕉球原理

香蕉球，因为球运动的路线是弧形的，类似香蕉的形状，因而得名。而且由于其代言人颜值极高，所以“香蕉球”几乎达到家喻户晓的程度——英格兰帅哥贝克汉姆杰出的香蕉球功夫，被中国球迷誉为“贝氏弧线”。

香蕉球为什么会在飞行中拐弯？这就不得不提到著名的伯努利原理，即流体速度增加将导致压强减小，流体速度减小将导致压强增加。

当足球在空中一边飞行一边自转时，会带动其表面空气同时旋转，其一侧空气转动的线速度和球的前进速度叠加，使得迎面气流相对速度增加；而另一侧情况恰恰相反，空气转动的线速度和球前进速度部分抵消，迎面气流相对速度被减缓，从而使球两侧的气流速度与球飞行的速度不一致。根据伯努利原理，空气流速度大的一侧会形成一个低压区域，而另一侧则形成高压区域。足球两侧的压力差，导致球受一个从高压区指向低压区的合力作用，这个合力使球偏离原直线运动方向。

设想一下，有个小朋友跟着一个超级大的足球一起向前运动，当球体本身不转动的时候，他无论在左侧还是在右侧，都会受到同样迎面而来的空气流拂面。而当球体本身开始高速旋转时，在右侧的他会发现足球转动所产生的风力能够部分抵消之前的拂面气流；而在左侧时，他将同时受到拂面气流和足球转动所带动的风力两者的叠加作用。这就是为什么足球在旋转时，两侧气流流速不同，进而造成压力差，使足球按照弧线飞行。

所以，踢出香蕉球的秘诀主要在于球的旋转。球旋转得越快，两边的压力差越大，球飞出的弧线也越大。

历史上，首先发现该现象的科学家名叫马格努斯，所以我们把这种原理叫作马格努斯效应。这种弧线球同样应用在乒乓球的弧圈球、棒球的旋转球等方面。

对于右脚球员，想要踢出香蕉球，接触球的部位应该在皮球右下侧，需要利用大腿发力。为了提高球的旋转速度，球员必须扭摆全身，让身体完全倾斜来增大皮球的内旋速度。人的身体，包括腿部产生的自旋性使得脚背触球的瞬间，让皮球带有强烈的旋转。

电梯球原理

电梯球跟香蕉球截然不同，它需要运动员使用脚背内侧踢出旋转极小但到球门前突然变线下坠的“S 型”球，有人形象地比喻为“先将电梯迅速升到 6 楼（越过人墙），再疾速降到 1 层”。除此以外，电梯球还有一个特点是，在飞行的过程中，会有一定的飘忽感，让守门员不好防守。排球中的“飘球”也是同样的原理，高水平运动员可以让排球过网后出现周期性的摆动或者突然下坠。

首先，电梯球为什么会突然下坠？

我们以威尔士名将文贝尔在 2016 年欧洲杯对阵斯洛伐克时的进球为例。2016 年 6 月 12 日，威尔士对阵斯洛伐克，比赛进行到第 10 分钟，威尔士获得前场 30 码任意球，贝尔左脚罚出任意球。他主罚任意球的初始球速达到 97 千米 / 小时，按照上图所示的实验室测量结果，此时的阻力非常小，所以球会随着初始作用方向迅速上升前进。皮球在飞行过程中逐步减速，当达到某一个临界值时（科学上用临界雷诺数表示），空气阻力将迅速成倍增加，球瞬间失速，形成下坠球。按照上图的风洞实验结果可以看到，在皮球的飞行速度降为 50 千米 / 小时时，阻力就将成倍增加，形成下坠球。所以，踢电梯球时需要与球门有一定的距离，才能发挥威力，否则皮球还没来得及失速下降，就超过球门的位置了。

其次，电梯球为什么会飘忽不定？

电梯球的关键在于球身旋转速度很小，球员踢球使出的全部力量几乎都转化为前行方向上的动能，皮球在刚踢出的瞬间就获得极高的速度。由于现代足球设计得越来越轻质，同时为了防止皮球过“圆”，还特别增加了缝深和摩擦，使得皮球在高速前行过程中，很容易因为表面粗糙度不同，导致产生局部气压差，最终让皮球出现小范围的飘忽晃动，忽上忽下，忽左忽右，令对方难以判断。

实验表明,在高速飞行时,“粗糙”的球体要比“纯圆”的球体阻力更小，飞得更快更远；另外，从右图可以看出，“粗糙”本身也容易造成不平衡的“飘忽晃动”。

所以，根据上述原理，想要利用电梯球破门，至少要具备 3 个要素：球几乎不旋转、初始球速非常高、距离球门有比较合适的距离。

电梯球触球部位及触球方式较为特殊，需要利用脚背偏内侧接触皮球，接触面积越大越好。踢球时小腿快速发力，用脚背猛抽球身中下端，让球几乎无旋转飞出。由于球速很快，一旦球被踢高就无法实现快速坠落，因此踢球时必须要控制好发力部位，努力压低球的线路才能获得好的效果。

专业的球员在射门时平均球速一般在 87 千米 / 小时到 96 千米 / 小时，少数球员能够踢出超过 100 千米 / 小时的球速。能踢出更快球速的球员在场上的有效射程也更远，可以像成名剑客一样于万军之中取对方上将首级。

“奋斗者”号的深海之旅

王晓波

10909 米是什么概念

10 米，这是普通人在不携带任何潜水装备时可以下潜到的深度；113 米，这是一名法国潜水员创造的裸潜纪录；332 米，这是人在借助水下呼吸器后下潜到的最深纪录；10898.5 米，这是 2012 年卡梅隆搭乘的“深海挑战者”号下潜到达的深度。

而中国研制的全海深载人潜水器“奋斗者”号下潜的马里亚纳海沟 1 万米处，水压超过 110 兆帕，相当于 2000 头非洲象踩在一个人的背上。

马里亚纳海沟被称为“地球第四极”，最深处超过 1.1 万米，也就是珠穆朗玛峰顶上再叠一座西岳华山的海拔高度……

“奋斗者”号如何承受万米深潜的重压

面对如此巨大的压力，“奋斗者”号该如何“抗压”？世界上其他到达过这里的载人潜水器又是怎么做到的？

8年前，加拿大导演卡梅隆就曾乘坐着“深海挑战者”号，成功挑战了马里亚纳海沟。而潜水器抗压的关键在于其结实耐压的球形载人舱。

与世界上的其他潜水器相比，“深海挑战者”号球舱的厚度相差不多，但大小不到它们的一半，可谓“皮厚馅小”，这也是卡梅隆能够抵达万米深处的原因。

但“深海挑战者”号的球舱太小，连五六岁的儿童都很难在其中站直，无法搭载更多的科学家和科研设备。为了能在里面连续待上6小时，卡梅隆甚至要专门练习瑜伽。

为了保证载客量，载人舱要足够大；而为了减轻潜水器的负担，球舱又不能太重。为了承受万米深海处的压力，做成又大又轻又坚固的载人舱至关重要。

国产新型钛合金材料就是解决这一问题的关键。

经过多年的不断优化和上千次的测试，中国自主研制的新型钛合金终于问世。该材料强度高、韧性好，“奋斗者”号的球舱用其制成，可以容纳最多3名科学家安全地在海底进行科考任务。现在，“奋斗者”号终于可以顶住巨大的海底压力，安全载人潜入万米深海。

从出发到回家，“奋斗者”号会经历什么

在茫茫大海上，如果把“奋斗者”号看作前往深海的交通工具，那么从出门到完成任务后平安归来，这一路上“奋斗者”号会经历什么呢？

“奋斗者”号就像前往深海的交通工具。出门在外，首先需要确认好下潜海域的水文、气象和地形信息，之后要对“奋斗者”号进行充油、充氧以及充电工作。

这样，活力满满的“奋斗者”号，就可以从停放车间由轨道推出，到达母船艉部，通过A架向海面布放了。

3名潜航员会在潜水器推出前进入内部，在舱内进行通电检查，确保设备运转正常。

之后，A架的两台液压臂会将潜水器提起、移动、下放，最终布放到海面上。

这时，舱门紧闭的“奋斗者”号就形成了一个密封球体，彻底将外部的海水和空气隔绝开来。

当母船想要与“奋斗者”号联系时，就需要使用无线电通信甚高频通信系统。建立通信后，潜水器就可以等待母船上的指挥中心下达命令了。

接到下潜命令后，蛙人小队会帮助潜水器脱钩，潜水器就开始注水下潜。

临近海底后，潜水器会抛掉第一组压载铁使自已达到悬浮在水中的均衡状态，并按照作业计划进行海底作业。完成作业后，潜水器会抛掉第二组压载铁，使潜水器所受的浮力大于自身的重力，上浮返航。

经过几个小时的漫长归程，“奋斗者”号就会浮出海面，醒目的橘红色涂装和装载的定位信号发射器会让母船迅速找到“奋斗者”号。“奋斗者”号只需依照之前的布放流程原路返回，就能平安返回母船。

关于潜水器，这些事情你必须知道

从百米浅海到万米深海，在中国载人深潜事业劈波斩浪的几十年中，我国先后突破了多项核心深潜技术。中国一代代深潜人的“深蓝梦”逐步实现。

“7103”救生艇是中国第一艘载人潜水器，自1971年开始研制，1986年研制成功。虽然它只能下潜300米，航速只有4节，但它是那个年代最先进的救援型载人潜水器。

随着时间的推移，中国探索海洋的深度也在随之变化，比如1985年的“海人一号”，1994年的“探索”号等，这些越潜越深的潜水器为水下定位、声呐探测、抗压材料和机械控制等诸多领域积累了经验。

2010年7月，中国第一艘自主设计和集成研制的载人潜水器“蛟龙”号下潜深度达到3759米，这标志着中国成为继美、法、俄、日之后，世界上第五个掌握3500米大深度载人深潜技术的国家。2012年6月27日，这艘7000米级载人潜水器完成了它的终极挑战，最终将纪录保持在7062米。“蛟龙”号还拥有世界先进的悬停和自动驾驶功能，可以抵御海流的干扰，工作时能够稳稳地“定”在海底。

与10年立项、10年研制的“蛟龙”号不同，我国第二代载人潜水器——“深海勇士”号，从研制立项到海试交付只用了短短8年，且国产化程度更高，实用性更强。

不可思议的是，在2016年“深海勇士”号尚未下水的情况下，万米级载人潜水器就开始同步研制了。

中国“奋斗者”号载人潜水器，融合了之前两代深潜装备的优良“血统”，不仅采用了安全稳定、动力强劲的能源系统，还拥有更加先进的控制系统和定位系统，以及更加耐压的载人球舱和浮力材料。

除了载人潜水器，我国还有“海斗”号、“海燕”号和“海翼”号等无人潜水器。其中，“海斗”号有远程遥控和自动作业两种模式，是中国首台万米级科考潜水器，让中国拥有了自主研究万米深海的能力。

冰壶与黑雁

郁喆隽

某一年冬奥会的时候，我迷上了看冰壶比赛的转播。一位运动员（主将）要在冰面上，以一定的速度将一个大约 20 千克重的冰壶推出去。另两位运动员（刷冰员）则要在冰壶滑行的过程中，不断在它前方用冰刷摩擦冰面，刷出极小的冰粒，有冰粒的地方阻力会大一些。这样冰壶就只会微微调整方向，从而走出一个很小的曲度，更快抵达 45 米之外的圆心位置，或者撞开对方停留在那里的冰壶。这是一项看似波澜不惊，其实充满玄机的刺激比赛。

我后来在某一刻猛然觉悟，冰壶比赛像极了一些父母的育儿方式：父母就是运动员，孩子则是那只冰壶。父母尽其可能创造出一条完美路线，避开途中的各种障碍，让孩子直达目标。对孩子而言，那条路线一

杨向宇 ¦ 图

定是摩擦力最小的。这种“冰壶育儿法”的弱点也是显而易见的。那些孩子终其一生只是一只硬邦邦的冰壶，他们依靠着父母的最初推力和冰刷制造出来的摩擦力最小的路径，一路向前滑行，直到动能耗尽才停下来。他们静静地躺着，等待着另一些不可预料的撞击，来再次改变自己的位置和速度。冰壶从没有自己的动力。

一些学者已经意识到父母过于“卖力”的副作用：“父母们正在不遗余力，为他们的孩子拔除生活中可能碰到的钉子。然而，来自父母的过度关注，只会导致一个结果，那就是孩子们变得更脆弱。”

而在自然界里，存在一种截然相反的育儿方式。著名的英国野生动物研究者大卫·爱登堡在纪录片《生命故事》中介绍过一种叫作白颊黑雁的动物。为了避开捕食者的偷袭，它们将自己的蛋产在几百米高的悬崖上。雏鸟从蛋中孵出后，立刻就要面对一个严峻的挑战：由于悬崖上缺乏水源，雏鸟需要从悬崖上纵身一跃，跳到谷底，然后和父母一起去喝水。雏鸟的翅膀没有长成，还是一团毛茸茸的东西。它们跳崖的时候几乎是在做自由落体运动，差不多是把自己的命运交给了地心引力，稍有不慎就会重重地撞到峭壁上……只有那些比较灵活的才能扑腾几下，勉强避开。经此一跳，一窝蛋孵出来的雏鸟大致只能活下来一两只。很多人看到这段的时候惊呼，白颊黑雁简直“心太大”。

人类绝不可能像白颊黑雁那般决绝，然而要不要养一个“冰壶”，却是需要思考的问题。给孩子们最好的，不是给他们最容易的。

苍蝇为什么难打

七　君

夏天在外边吃饭的时候,苍蝇经常会不请自来。打苍蝇是一件技术活,因为苍蝇的飞行轨迹十分诡异，人类只靠双手很难打中。

苍蝇为什么会乱飞呢?

你可能不知道，苍蝇这样乱飞，实际上符合一个数学原理，这个原理让它们的飞行轨迹难以捉摸，从而避免被打中。这个数学原理，叫作莱维飞行。

莱维飞行是一种分形，也就是说，不管放大多少倍，看起来还和原来的图案类似。更重要的是，莱维飞行属于随机游走。也就是说，它的轨迹并不能被准确预测，就像苍蝇的步伐一样鬼魅。

很显然，莱维飞行可以帮助苍蝇躲避掠食者和想要敲扁它们小头的人类。2008 年，东京大学生物学家岛田正孝的团队发现，家蝇的飞行线路就属于莱维飞行。

不仅是家蝇，家里常见的果蝇也是“莱维飞行家”。比如，黑腹果蝇飞行的时候常常是直线飞行夹杂飞速 90 度大转弯。它们的飞行轨迹就是莱维飞行图。

一些微小的粒子会有布朗运动。虽然布朗运动也属于随机游走，不过，布朗运动和莱维飞行不同。

布朗运动有个特点，就是每一步的步长集中在一个区域内。

莱维飞行就不是这样了。在莱维飞行图中，每步行走的距离都符合幂定律。也就是说，运动中大多数的步子很短，但有少部分步子很长。

莱维飞行和布朗运动步长的不同，使得莱维飞行比布朗运动更有效率。在走了相同的步数或路程的情况下，莱维飞行的位移比布朗运动的大得多，能探索更大的空间。

这一点对需要在未知领域捕猎的生物来说至关重要。果不其然，发现莱维飞行的法国数学家本华·曼德博的导师保罗·皮埃尔·莱维最早发现，生物的许多随机运动都属于莱维飞行。

举个例子，鲨鱼等海洋掠食者在知道附近有食物的情况下，采用的是布朗运动，因为布朗运动有助于“光盘”——清空一小片区域内的食物。但是当食物不足，需要开拓地盘时，海洋掠食者就会放弃布朗运动，转而采取莱维飞行。

2008 年，一个来自英国和美国的科研团队在《自然》杂志上发表了一项研究成果，他们给大西洋和太平洋的 55 只不同海洋掠食者（丝鲨、剑鱼、蓝枪鱼、黄鳍金枪鱼、海龟和企鹅）带上追踪器，跟踪观察它们在 5700 天里的运动轨迹。

在分析了1200万次它们的动作后，这些研究者发现，大多数海洋掠食者在食物匮乏时偏好莱维飞行。更有趣的是，它们的猎物，比如磷虾的分布，也符合莱维飞行的特征。

不仅如此，土壤中的变形虫、浮游生物、白蚁、熊蜂、大型陆地食草动物、鸟类、灵长动物在觅食时的路线也有类似的规律，莱维飞行似乎是生物在资源稀缺的环境中生存的共同法则。

实际上，对浪迹天涯的动物来说，找到下一顿饭靠的不仅是运气，还有高等数学。在对猎物的分布情况几乎一无所知的情况下，莱维飞行的效率远超布朗运动的。这或许就是它们在碰运气的时候都会转入莱维飞行模式的原因吧。

因此，生物学家提出了莱维飞行觅食假说，用来形容动物听天由命时的运动轨迹。

不仅是野生动物，许多现象都有莱维飞行的特征。

比如，当水龙头滴水时，两滴水滴之间的时差属于莱维飞行，健康心脏两次跳动的间隙，甚至连股票市场的走势都是莱维飞行。

注意到莱维飞行在以捉摸不定著称的股票市场的应用空间后，金融学家开始用莱维飞行对金融市场进行研究。

莱维飞行甚至被用于研究流行病的爆发。

1997年，程序员汉克·艾斯金因为想知道钱都去哪儿了，建了一个网站。

人们将纸币上的序列号，以及当地邮政编码输入这个网站，就可以追踪纸币的运动轨迹。

艾斯金建这个网站只是觉得好玩，但是，德国柏林洪堡大学的物理学家德克·布罗克曼和同事在研究传染病时，注意到这个网站。他们认为传染病的传播路线和纸币的类似，于是调用了这个网站的数据进行分析。

在分析了46万张纸币的轨迹后，他们证实了自己的猜测：传染病的传播和纸币的传播一样，符合莱维飞行的特征。他们把这项研究发表在了2006年的《自然》杂志上。

布罗克曼的这个发现和当时的主流流行病学理论相悖（主流流行病学理论认为，所有人的感染概率是相同的），但是莱维飞行能比传统理论更好地预测疾病的传播，因此，现在许多流行病模型都在使用莱维飞行理论。

最后，别以为人类行为能逃脱莱维飞行的支配，人类在旅游和购物时的轨迹也属于莱维飞行。没想到，血拼的“剁手党”和乱飞的苍蝇是一样的吧。

乌龟和兔子

[美] 詹姆斯·瑟伯
杨立新　冷　杉　编译

从前，有一只博学的年轻乌龟，在一本古书上读到一则乌龟在跑步比赛中打败兔子的故事。他也读了他能够找到的其他所有的书，但是没有一本书里有兔子在比赛中打败乌龟的记载。这只博学的乌龟自然而然地得出他比兔子跑得更快的结论，于是动身前去寻找兔子。在漫无目的的寻找过程中，他遇到了许多想跟他赛跑的动物，他们是黄鼠狼、白鼬、达克斯猎犬、猪獾、短尾田鼠和地松鼠。然而，当乌龟问他们是否能比兔子跑得快的时候，他们都回答："不能。""我能。"乌龟说，"因此，我在你们身上浪费时间是毫无意义的。"说完，乌龟继续他的寻找之旅。

又过去了许多天，乌龟终于遇到一只兔子，于是向他下了赛跑的战书。

“你要用什么来跑呢？”兔子问。“你不用操心那个，”乌龟说，“只读读这个就行。”乌龟让兔子读了古书上的那则故事，连同故事结尾的寓意——跑得快的并不总是跑得快——全都让兔子看了。“胡说！”兔子说，“你一刻钟都跑不了15米，而我只用1秒多就能跑完15米。”“瞎说！”乌龟说，“你可能连1秒都坚持不了。”“我们走着瞧！”兔子回答说。于是他们标出了15米长的一段路程。其他动物全都围拢过来，一只牛蛙敦促他们开始比赛，一条猎狗开了一枪，比赛开始了。

等到兔子跑过终点线时，乌龟刚刚迈开步。

一把新扫帚也许扫得干净，但是，永远不要相信一把老锯子能锯得更好。

编后记

科技是国家强盛之基，创新是民族进步之魂。科技创新、科学普及是实现创新发展的两翼，科学普及需要放在与科技创新同等重要的位置。

作为出版者，我们一直思索有什么优质的科普作品奉献给读者朋友。偶然间，我们发现《读者》杂志创刊以来刊登了大量人文科普类文章，且文章历经读者的检验，质优耐读，历久弥新。于是，甘肃科学技术出版社作为读者出版集团旗下的专业出版社，与读者杂志社携手，策划编选了“《读者》人文科普文库·悦读科学系列”科普作品。

这套丛书分门别类，精心遴选了天文学、物理学、基础医学、环境生物学、经济学、管理学、心理学等方面的优秀科普文章，题材全面，角度广泛。每册围绕一个主题，将科学知识通过一个个故事、一个个话题来表达，兼具科学精神与人文理念。多角度、多维度讲述或与我们生活密切相关的学科内容，或令人脑洞大开的科学知识。力求为读者呈上一份通俗易懂又品位高雅的精神食粮。

我们在编选的过程中做了大量细致的工作，但即便如此，仍有部分作者未能联系到，敬请这些作者见到图书后尽快与我们联系。我们的联系方式为：甘肃科学技术出版社（甘肃省兰州市城关区曹家巷1号甘肃新闻出版大厦，联系电话：0931-2131576）。

丛书在选稿和编辑的过程中反复讨论，几经议稿，精心打磨，但难免还存在一些纰漏和不足，欢迎读者朋友批评指正，以期使这套丛书杜绝谬误，不断推陈出新，给予读者更多的收获。

丛书编辑组

2021年7月